北京建筑大学
教材立项资助

城镇燃气事件典型案例分析

Chengzhen Ranqi Shijian Dianxing Anli Fenxi

主　编　詹淑慧　徐　鹏
副主编　杨　光　王亚慧　王　伟　何少平

重庆大学出版社

内 容 提 要

城镇燃气作为一种优质能源,在给我们的生产和生活带来极大方便的同时,也带来了危险和事故。本书通过描述和分析真实发生的燃气事件,使读者理解燃气安全的重要性,了解燃气的特性与事故特点,了解公众及燃气专业技术人员应该如何应对突发事件,学习应急处置及事件分析方法,普及安全知识。

本书可作为大专院校燃气相关专业安全课程的辅助教材,也可作为燃气行业员工安全教育的参考资料。

图书在版编目(CIP)数据

城镇燃气事件典型案例分析 / 詹淑慧,徐鹏主编. -- 重庆:重庆大学出版社,2021.6
ISBN 978-7-5689-2767-3

Ⅰ. ①城… Ⅱ. ①詹… ②徐… Ⅲ. ①城市燃气—事故分析 Ⅳ. ①X928.702

中国版本图书馆 CIP 数据核字(2021)第 111026 号

城镇燃气事件典型案例分析

主 编 詹淑慧 徐 鹏
副主编 杨 光 王亚慧
王 伟 何少平
策划编辑:张 婷
特约编辑:神 鞠

责任编辑:夏 宇 版式设计:张 婷
责任校对:黄菊香 责任印制:赵 晟
*
重庆大学出版社出版发行
出版人:饶帮华
社址:重庆市沙坪坝区大学城西路 21 号
邮编:401331
电话:(023)88617190 88617185(中小学)
传真:(023)88617186 88617166
网址:http://www.cqup.com.cn
邮箱:fxk@cqup.com.cn(营销中心)
全国新华书店经销
POD:重庆新生代彩印技术有限公司
*
开本:787mm×1092mm 1/16 印张:9 字数:177 千
2021 年 6 月第 1 版 2021 年 6 月第 1 次印刷
印数:1—1 500
ISBN 978-7-5689-2767-3 定价:39.00 元

前　言

这是一本教学辅助用书，希望通过对城镇燃气事件典型案例的分析，帮助学习燃气安全课程的学生和燃气行业从业人员：

- 理解燃气安全的重要性；
- 了解燃气的特性与事故特点；
- 了解公众及燃气专业技术人员应该如何应对燃气突发事件；
- 如何确定燃气事故的真实原因。

我们隐去了一些事件的地点和涉事人员的信息，旨在集中关注事件的技术层面；介绍一些政策规范条例，有助于更好地理解事件的定性及各方责权利的划分。

如果本书能够为城镇燃气的安全供应与使用，以及减少事故的发生做一些贡献，我们将万分高兴！

由于编者水平有限，书中可能存在疏漏，不足之处希望读者批评指正！

感谢北京建筑大学将本书作为"教材建设项目"予以支持！

感谢"城镇燃气管网突发事件分析及应急处置标准化研究"课题组成员和研究生们在事件资料收集整理中的付出！

感谢相关单位和燃气专业同行的指点和帮助！

詹淑慧

2020 年 10 月

目　录

绪 论

　　燃气作为清洁能源给我们的生产生活带来了极大的便利,同时也带来了安全问题。透过媒体我们可以看到,国内外燃气事故仍然时有发生。

　　2019年,中国天然气消费在一次能源消费中占比为8%;与全球平均24%的份额相比,中国天然气的消费还有很大的增长空间;城镇燃气系统的设备设施、管道长度、用气人数均处于增长阶段。燃气安全问题不容忽视!

　　人类生存,依靠生产;人类幸福,则需要安全。自有生产劳动以来,人类与各种各样的事故灾害进行了不懈抗争并取得了巨大成果。但是,科学技术的发展、人类文明的进步,又赋予安全及事故预防新的意义,提出了新的研究课题。今天和未来,人类的生存和发展越来越依赖于科技的支持和保护,可以说整个社会大系统都处在科技控制的临界状态,一旦某个环节、某个节点失控,就会出现难以想象的后果。

　　随着现代化生产的发展和规模的日益扩大,生产过程及生活中危险源的存在增加,使发生事故的可能性增大,尤其是火灾、爆炸及有毒有害物质泄漏等事故,往往会产生严重的后果。在生产活动中,虽然采取了安全设计、规范操作、日常维护、定期检查等一系列措施,但仍然达不到绝对的安全。

　　同任何事物一样,事故的发生也具有一定的特性和规律。分析事故的原因、了解和掌握事故的防范措施,可以尽最大可能预防事故发生;当事故发生时,采取紧急、有效、科学的应急处理措施,是减少人员伤亡、减轻经济损失的最佳选择。

0.1

事故预防和应急管理

事故预防和应急管理一般包括预防、预备、响应和恢复四个阶段（图0-1）。

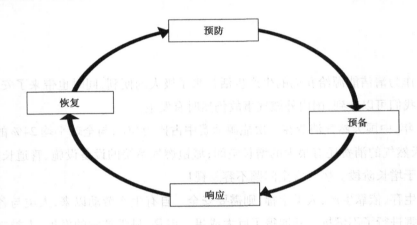

图 0-1　事故预防和应急管理的四个阶段

1. 预防

预防工作是从应急管理的角度，防止紧急事件或事故的发生，从而避免应急行动。如制定安全法律、法规、安全规划、安全技术标准和规范，强化安全管理措施，对员工、管理者及社区民众进行应急宣传与教育等。

2. 预备

预备也称准备，是指在应急发生前进行的工作。主要是为了提高应急管理能力，建立应急系统,制订应急操作计划等。

3.响应

响应也称反应,是指在事故发生前、事故期间及事故后立即采取的行动。响应的目的是通过发挥预警、疏散、搜寻和营救手段,并采取提供避难场所和医疗服务等应急保障,使人员伤亡及财产损失减少到最低。专业化团队的应急响应要求有科学的决策、熟练的战术,才能在响应事故时采取有效的应急行动。

4.恢复

恢复工作应在事故发生后立即进行,首先要恢复事故影响地区最基本的服务,然后继续努力,使事故影响地区恢复到正常状态。立即开展的恢复工作包括事故损失评估、废墟清理、食品供应、提供避难场所和其他设备;长期恢复工作则包括生产系统及厂区重建、事故影响地区的再发展以及实施安全减灾计划等。

预备、响应和短期恢复工作,要求政府及相关部门与企业间协调合作、共同完成,长期恢复工作和减灾行动则要求在计划制订、政策设计和降低风险措施、事故潜在影响的控制方面具有战略性。

在应急行动产生之前,预防和预备阶段可能已经持续了几年甚至几十年。如果事故发生引发事故的响应、恢复工作,随后新一轮的应急管理从事故预防工作开始。

0.2
事件分析的意义

对典型的事故、事件案例进行分析,对事故的发生、发展及后果进行描述,对应急处置情况进行梳理,总结失误、教训和成功应对的经验,对防止悲剧的重演、实现科学应对突发事件有非常重要的意义。

在一定范围内进行事故情况交流,对防范事故发生,特别是防范类似事故的发生非常有必要。长期从事石油化工行业事故调查、分析的英国皇家化学工业有机化学部安全顾问、石油化工事故专家 Trevor Kletz 曾经说过:"大多数事故非常简单,要防止这些事故的发生,不需要深奥的理论或进行深入的研究——只需了解以前发生的事故。"

事故分析资料本身只是一件件独立的、偶然事件的客观反映,并无规律可言。但是,通过对偶然、典型事件进行综合分析,明确面对突发事件时该做什么、不该做什么,并从中发现事故发生、发展的事实,以及对事故响应、处置的经验与教训,可达到对事故预测和预防的目的。

我们认为:

①对已经发生的事故进行科学的管理,才能发现事故规律;建立相应的数据库,才能使安全评价准确、有效,应急预案科学合理。

②事故情况的统计、分析,可以使我们对燃气系统的安全状况有正确的认识,以便找出薄弱环节,提出事故预防、安全生产的技术措施并予以巩固。

③在行业内部进行事故交流是必要的,特别是对发生在我们身边的典型案例进行深入细致的分析、研究,对领导者、安全管理者、专业技术人员和学员都会有所裨益。

④对一般民众和用户进行安全教育,可以有效地减少用户事故的发生,也是燃气供应单位的义务。在对城镇燃气用户进行安全教育、普及燃气安全使用知识的同时,还应利用事故案例资料,提供科学、有效的事故防范方法。

0.3
引发事故的原因

根据事故致因理论,引发事故的原因不外乎四个方面:人的不安全行为、物的不安全状态、环境不良和管理因素(图0-2)。

图 0-2　引发事故的原因

1. 人的不安全行为

人的不安全行为是指人的错误推测与错误行为、曾引起或可能引起事故的行为。人出现一次不安全行为不一定会引发事故、造成伤害,然而事故的发生,一定包含人的不安全行为。人的不安全行为主要包括:

- 识别比较、判断、决策、输出错误。
- 失误:包括随机失误和系统失误。由人的行为、动作的随机性质引起的失误,属于随机失误,它与人的心理、生理原因有关。随机失误往往是不可预测的,也是不重复出现的。由系统设计不足或人的不正常状态引发的失误属于系统失误。系统失误与工作条件有关,类似的条件可能引发失误再出现或重复发生。
- 身体原因:伤病、醉酒、药物反应、力量不够等。
- 心理(主观态度)原因:凭直觉、靠侥幸、想省力、习惯、紧张、遗忘等。
- 有意识不安全行为:指有目的、有意识、明知故犯的不安全行为,其特点是不按客观规律办事,不尊重科学,不重视安全。
- 技术原因:岗位技能欠缺,对工艺、操作、设备等不熟悉。
- 教育原因:要求不明确,培训教育有缺陷等。

2. 物的不安全状态

机械、物料、生产对象及生产要素统称为物。物的不安全状态包括:

- 物的缺陷:设备、设施、工具、附件等自身有缺陷。
- 设备、设施在故障状态下运行。

- 维护、维修不及时或不达标。
- 防护、保险、信号等装置缺乏或有缺陷。
- 个人防护用品、用具缺少或有缺陷。
- 监测、监控不到位。

3. 环境不良

环境不良是指环境中存在的不安全因素,它可能直接导致事故,也可能引发人的不安全行为,使物处于不安全状态。环境不良包括:

- 气候、气象条件:恶劣天气、寒冷季节、酷暑等。
- 工作场所原因:作业场所狭窄、灾害或事故现场等。
- 不利工作条件:照度不足、操作条件不具备、工具缺乏等。

4. 管理因素

管理因素是指在对人、物和环境的管理控制中存在缺陷。管理得好,可以切断人、物和环境等因素导致的事故;管理得不好,则会直接导致事故发生。管理因素包括:

- 安全制度、措施的建立与执行。
- 标准及要求的明确与清晰。
- 培训、上岗、准入、考核制度与实施。
- 监督、检查、指导的严格有效性。
- 对人、物、环境的了解与控制。
- 禁止、警告信息发布与执行。
- 安全资金投入决策。

0.4

燃气行业事故特点

　　城镇燃气行业事故按照发生地点,可分为用户事故、管网事故和厂站事故三大类。事故原因则与人、物、环境、管理因素等密切相关。

　　由于燃气易燃易爆的特性,以及城镇燃气管道和设施均处于人口密集地区,因此燃气事故至少具有以下特点:

　　•燃气事故的影响范围大:燃气的生产、输送、使用场所及其周边都可能发生事故并受到影响。

　　•事故后果的严重程度差异较大:可能造成人员伤亡、财产损失和环境破坏,还可能造成一定的社会影响,引发媒体关注。

　　•人员管理困难:操作和使用燃气的企业内外部人员、甚至不使用燃气的人都有可能引发事故。

　　•既可能形成主灾害,也可能受其他灾害影响发生次生灾害。如燃气自身易燃易爆,地震、洪水等自然灾害也会造成燃气管道与设施的损坏及事故。

　　•城镇燃气管道多数属于隐蔽性工程,运行、维护和事故抢修有一定的技术难度。

0.5

事故管理

　　事故管理是对事故的调查、分析、研究、报告、处理、统计和档案管理等一系列工作的总称。

事故管理是安全管理的一项重要工作,这项工作具有严谨的技术性和严格的政策性。通过科学的事故管理,可以掌握事故的重要信息,发现潜在的危险隐患,探讨有效的防范措施,防止事故再次发生,最终提高安全管理水平。

1. 事故的分级分类

1) 事故的分级

根据《生产安全事故报告和调查处理条例》第三条规定,生产安全事故按照造成的人员伤亡或者直接经济损失划分为特别重大事故、重大事故、较大事故和一般事故四个等级;条款中所称的"以上"包括本数,所称的"以下"不包括本数。

特别重大事故是指造成30人以上死亡,或者100人以上重伤(包括急性工业中毒,下同),或者1亿元以上直接经济损失的事故。

重大事故是指造成10人以上30人以下死亡,或者50人以上100人以下重伤,或者5 000万元以上1亿元以下直接经济损失的事故。

较大事故是指造成3人以上10人以下死亡,或者10人以上50人以下重伤,或者1 000万元以上5 000万元以下直接经济损失的事故。

一般事故是指造成3人以下死亡,或者10人以下重伤,或者1 000万元以下直接经济损失的事故。

国务院安全生产监督管理部门可以会同国务院有关部门,制定事故等级划分的补充性规定。

对于社会影响恶劣但不能明确确定等级的事故,在实践中可以根据影响大小和危害程度,比照认定相应的事故等级。

2) 国际劳工统计学家会议对工作伤害后果的分类

1998年10月第十六届国际劳工统计学家会议,根据受害者能够重返工作所需的时间来区分受伤的严重程度,对工伤后果的分类做出规定。

这一分类是根据工伤后职工缺勤天数的范围来表示:即从事故发生的第二天起,以日历天数计算,依据不能工作而缺勤的天数多少,将伤害程度划分为十类;最长统计时间为一年。专家会议建议将统计期限定为一年,一般认为超过这一上限的伤害可能导致永久丧失工作能力。

代码	指标
A	缺勤 1～3 天
B	缺勤 4～7 天
C	缺勤 8～14 天
D	缺勤 15～21 天
E	缺勤 22 天～1 个月
F	缺勤 1～3 个月
G	缺勤 3～6 个月
H	缺勤 6～12 个月
Y	致命伤害（1 年以上不能恢复工作）
Z	其他地方未分类的后果

这一统计分组是为了便于进行国际统计比较，各国可以根据本国的需要和情况制定补充规定。

3）按事故的伤亡严重度分类

为便于管理，1986 年 5 月 31 日发布的《企业职工伤亡事故分类标准》（GB 6441—86），根据事故造成的人员伤亡情况进行分类：

（1）轻伤事故　　　　　指事故涉及人员只有轻伤的事故；
（2）重伤事故　　　　　负伤人员中只有重伤而无死亡的事故；
（3）重大伤亡事故　　　指一次死亡 1～2 人的事故；
（4）特大伤亡事故　　　指一次死亡 3 人以上（含 3 人）的事故。

事故分类的方法和粗细取决于对伤亡事故进行统计的目的和范围。上级管理部门需要综合掌握全局伤亡事故的情况时，事故类别的划分可以概括一点；一个部门、一个企业为了便于追究事故的根源和探索整改方案，常希望划分得详细一些，但分类越细，数据就越分散。

2. 事故调查

事故调查是事故管理中的重要工作环节，应当坚持科学严谨、依法依规、实事求是、注重实效的原则,及时、准确地查清事故经过、事故原因和事故损失,查明事故性质。通过客观、科学、全面的事故调查,不仅可以找出事故原因,分清责任,还可以通过分析事故的发生、发展过程,有针对性地探讨事故防范措施。

根据事故的具体情况,事故调查组由相关人民政府、安全生产监督管理部门、负有安全生产监督管理职责的有关部门、监察机关、公安机关以及工会派人组成,并应当邀请人民检察院派人参加。事故调查组可以聘请有关专家参与调查。事故调查组成员应当具有事故调查所需要的知识和专长,并与所调查的事故没有直接利害关系。

1) 事故调查程序

事故调查的一般程序是:在事故发生以后,首先要保护好事故现场,同时及时向上级和有关部门报告。在保护好事故现场的同时要积极抢救受伤者。发生事故的单位和有关上级主管单位要及时组成并派出事故调查组赴事故现场调查。在现场收集有关事故各方面的情况与人证、物证,召开有关人员座谈会、分析会。在掌握全部情况的基础上,明确原因,分清责任,提出事故处理意见,最后填写事故调查报告书,将事故的全部资料汇总、归档、结案、上报。

事故调查组应按照管理权限组织,及时认真地调查处理事故。事故发生单位,在调查组调查之前,应尽可能保持事故现场原貌,为调查事故原因提供第一手的资料。对于重大事故,现场进行抢修前,应留有音像等资料,为事故调查提供依据。

进行事故调查时,发生事故的单位要积极配合调查组进行事故原因调查,提供事故发生地点的地理位置、发生时间、当时的生产工艺参数、运行记录、维检修情况等资料;事故涉及的当事人、维检修人员应写出书面汇报材料,就当时的信息来源、情况确认、事发现场情况、应急处置措施等进行详细说明。

事故调查时,事故调查人员必须坚持实事求是的工作原则,根据事故现场的实际情况进行调查,依据物证,辅以人证得出结论。调查人员除了必须掌握事故调查技术,还要懂得原料产品、生产系统的性能、工艺条件、设备结构、操作技术等专业知识。事故不论大小,都应该按照事故的调查程序进行。

事故调查工作程序一般不得省略或跨越。只有在确定了事故原点之后,才能确定发生事故的原因和事故扩大的原因;只有在查清了事故原因的基础上,才能做事故性质和责任的分析(图0-3)。

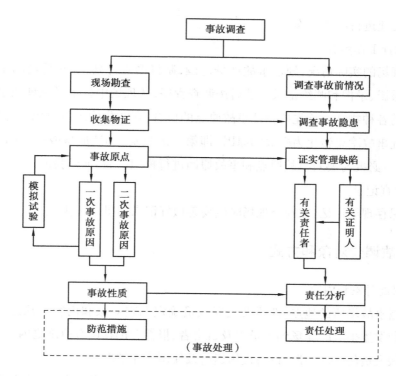

图 0-3 事故调查程序

2）事故现场勘查方法和步骤

（1）保护事故现场

事故现场是保持着事故发生后原始状态的地点，包括事故所涉及的范围和与事故有关联的场所。只有现场保持了原始状态，现场勘查工作才有实际意义。在事故原点和事故初步原因未完全确定以及拍摄、记录、取证工作未结束之前，事故现场不能破坏，也不准开放。

（2）勘查事故现场的目的

查明事故造成的破坏情况（包括物资损失、设备和建筑物的破坏、防范措施的功能作用和破坏、人员伤亡等）；发现或确定事故原点和事故原因的物证，确定事故的发生和发展过程；收集各种技术资料，为研究新的防范措施提供依据。

（3）勘查工作的准备

安全部门平时要做好事故现场勘查的准备工作，最好备有事故勘查箱，箱内存放摄影、录像设备、照明及测绘用的工具仪器，备好有关图纸、记录和资料。事故调查人员应事先接受相关培训，配备必要的防护用品和勘查仪器，以便在发生事故时能保证自身安全的同时迅速进行勘查工作。

（4）勘查工作步骤

根据现场的实际情况，划定事故现场范围，制订勘查计划，并对现场的全貌和重点部位进行摄影、录像和测绘记录。然后按调查程序，从现场中找出可供证明事故发生和发展过程的各种物证。首先要查证事故原点的位置，在初步确定事故原点之后，再查证事故原点处事故隐患转化为事故的原因（即第一次激发）和造成事故扩大的原因（即第二次激发）。必要时要对事故原点和事故原因进行模拟试验，加以验证。

（5）勘查记录

为了保存现场记忆，在勘查现场时应妥善做好记录和摄录工作。

3）事故调查对象和方式

（1）调查对象和内容

应根据事故场所的地点、性质及关联人员确定调查对象和内容。凡是与形成事故隐患有关和发生事故时在场的人员以及目击者、报警者都在调查范围之内。

①关联人员的活动情况，设备设施运行及使用操作情况。

②生产的进行状态，原材料、成品的储存状态；工艺及运行条件；技术要求及管理规定，调度指挥情况等。

③区域环境和自然条件，如雷电、晴雨、风向、温湿度、地震、洪水以及其他有关的外界因素。

④生产运行或设备使用中出现的异常现象和判断、处理情况。

⑤有关人员的身体及工作状态、情绪变化及境遇变故等。

（2）调查方式和时机

①事故调查应在事故发生后尽早开始，以防止证据灭失。

②事故前情况的调查取证工作应比现场勘查工作早一步或同时进行。

③调查可以采取问询、调阅资料、勘查取证、物证送检等多种形式开展。

④向相关医疗机构和法医鉴定部门调查并核实伤亡人员的伤痕部位、状态及致死原因。生产经营单位和个人应依法配合调查，提供事故线索及相关资料。现场勘查和事故前情况调查应互相配合，互为依据；在调查中要注意用物证证实人证，用物证来揭示事故的事实真相。

4) 人证材料的可靠性

调查结论必须以物证为基础,不能仅凭某些人的证言或推理判断做出结论性意见,但人证材料仍不可缺少,有时一句话就能说明事故发生的关键,特别是在事故刚发生或刚结束时,相关人员的证言往往较为真实,应充分注意最初的问询或谈话材料的可靠性和有效性。

5) 模拟试验

在事故调查中,模拟试验是检验事故原点、事故原因及发生发展情况的科学依据。在判定事故原点和事故原因之后,根据需要,可以对事故的发生经过情况进行实物模拟或软件模拟试验,以印证事故调查结论。若物证充分、事故原点和原因明显、调查人员认识一致,可以直接得出事故结论,可以不做模拟试验。

6) 事故调查报告的内容

事故调查报告应当包括以下内容:
①事故发生单位概况。
②事故发生经过和事故救援情况。
③事故造成的人员伤亡和直接经济损失。
④事故发生的原因和事故性质。
⑤事故责任的认定以及对事故责任者的处理建议。
⑥事故防范和整改措施。
事故调查报告应当附上有关的证据材料,事故调查组成员应当在事故调查报告上签名。

3. 事故报告

根据国务院发布的《生产安全事故报告和调查处理条例》规定,事故报告应当及时、准确、完整,任何单位和个人对事故不得迟报、漏报、谎报或者瞒报;任何单位和个人不得阻挠和干涉对事故的报告。

事故发生后,事故现场有关人员应当立即向本单位负责人报告;单位负责人接到报告后,应当于1小时内向事故发生地县级以上人民政府安全生产监督管理部门和负有安全生产监督管理职责的有关部门报告。

情况紧急时,事故现场有关人员可以直接向事故发生地县级以上人民政府安全生产监督管理部门和负有安全生产监督管理职责的有关部门报告。

安全生产监督管理部门和负有安全生产监督管理职责的有关部门逐级上报事故情况,每级上报的时间不得超过2小时。

安全生产监督管理部门和负有安全生产监督管理职责的有关部门应当建立值班制度,并向社会公布值班电话,受理事故报告和举报。

1) 事故报告的内容

事故单位发生事故后要以最快捷的方式(电话、传真等)向有关部门报告,根据国务院发布的《生产安全事故报告和调查处理条例》规定,报告事故应当包括以下内容:

①事故发生单位概况。

②事故发生的时间、地点以及事故现场情况。

③事故的简要经过。

④事故已经造成或者可能造成的伤亡人数(包括下落不明的人数)和初步估计的直接经济损失。

⑤已经采取的措施。

⑥其他应当报告的情况。

若事态仍在继续或出现新情况的,应当及时补报。后续报告应该包括以下内容:事故更具体的信息,事故发生后各方采取了何种应急措施,事故现场处理情况。

发生事故的燃气供应企业,要按规定填写内部事故报告。内部事故报告应包括事故经过、原因分析、责任分析、处理意见、措施等;应列出事故或险情发生的时间、地点、事故类别、人员伤亡情况,设施损失及对供气造成影响的情况;险情的基本情况,事故的简要经过,应急处置措施;直接经济损失;险情或事故原因的初步分析或基本结论;采取的措施及效果的评判;事故报告单位、签发人及报告时间等。

2) 事故报告分级发布建议

按照规定,内部事故报告的内容包括事故经过、原因分析、责任分析、处理意见、措施等。报告应详尽描述事故的发生过程,调查取证和事故原因分析,得出事故分析结论,分清责任,提出处理和整改意见。

但是,仅仅向上级主管部门递交事故报告远远不能满足对事故进行科学管理的需要,对达到预防事故的再次发生的要求也是不够的。

对于城镇燃气行业而言,事故报告应分级、分类进行整理和发布,对不同的部门、人员提供不同的信息资料,使事故材料成为预防事故发生、减少伤亡损失的有效资源。例如:

①对于本行业的安全管理及研究机构,事故报告应为这些机构进行事故技术分析、安全管理数据库建设提供重要依据。这类事故报告应详尽,特别注重事故的技术分析和具体参数、数据的提供,包括故障、事故发生以后的处置及应急反应、系统修复及恢复技术、事故损失统计数据等。

为此,城镇燃气行业应尽快在行业主管部门的指导下,成立专门的研究机构,在广泛开展安全评估的基础上,对城镇燃气行业的安全隐患及事故情况进行统计分析,建立安全管理数据库,为燃气行业管理、运行、经营部门提供安全指导和技术参考。

②对于燃气行业安全管理人员和一般技术人员,提供事故报告的目的是使他们获得间接经验,以指导其在实际工作中防范类似事故的发生,提高安全管理水平。事故报告应注重事故原因分析、故障、事故发生发展及扩大的技术细节描述及成功应急技术和方法的介绍。

③对于一般员工和民众,提供的事故报告应以警示、教育为主要目的。生产、运行岗位的员工,要能够根据事故报告对照检查自己操作、工作中存在的不安全因素和事故隐患,以防范事故发生;一般民众,特别是燃气用户,通过事故报告应能够对照检查自己的行为,规范燃气使用,学会发现隐患、事故报警及应急个体防护等。事故是我们不希望看到的,但同时事故也是人们以生命、财产为代价获得的珍贵教训,必须十分重视。对已经发生的事故进行科学的管理、深入的分析,才能深化对事故发生、发展规律的认识,为安全评估和制订事故应急预案提供依据;对事故发生后的应急处置方法等情况在一定的范围内进行探讨、交流,研究提出合理的管理与控制措施,是有效预防类似事故发生的重要手段。

4. 事故分析

1) 事故的性质和责任分析

(1) 事故性质解析

在事故原点和事故原因查清以后,要对事故的性质进行定性分析。事故性质一般分为政治事故、自然事故、生产责任事故三类。无论是什么性质的事故,都要对事故隐患的形成原因、事故发生发展的过程进行全面分析,以便真正吸取教训。

(2) 事故责任分析

事故责任分析就是划分、追查事故原因的责任。在许多事故原因中,不但有运行、操作人员的责任,也有组织者和指挥者的责任。只有分清责任,才能正确进行事故处理,吸取事故教训,制订防范措施,防止同类事故再次发生。

2) 事故原因的分析

事故原因是指事故原点处危险因素转化为事故的技术条件和激发条件。

危险因素转化为事故的技术条件是指物质条件本身(性质、能量、感度)向事故转化的物理或化学变化;激发条件是指错误操作和外界条件促使危险因素转化为事故的情况。

事故原因(直接原因)可分为一次事故原因和二次事故原因。一个事故的原因只应有一个,难于准确判断的事故原因最多不应超过三个。一般来说,分析出了多个事故原因,可能说明引起事故的真正原因还没有找到;应进一步调查取证,深入分析,以便确认最主要的事故原因。

查证事故原因的方法一般有直观查证法、因果分析法、技术分析法三种。

(1) 直观查证法

适用于事故情况比较简单的事件,凡能用定义法确定事故原点的事故,一般均可用直观查证法确定事故原因。

(2) 因果分析法

利用事故隐患转化为事故的因果关系来确定事故原因的方法称为因果分析法。使用因果分析法,首先要尽可能地把事故原点处危险因素转化为事故的条件罗列出来,按因果关系作出因果图进行分析。

（3）技术分析法

对不能直观查证又作不出因果图的，可用技术分析法查证事故原因。技术分析法是根据事故原点的技术状态，并密切结合发生事故时的产品、工艺、操作、设备运行数据等，分析危险因素转化为事故的技术条件、管理缺陷以及外界条件对事故原点所起的激发作用，从中找出事故原因。

5.事故的统计

事故的发生具有随机性，即事故发生的时间、地点、事故后果的严重性是偶然的。这说明事故的预防具有一定的难度。但是，事故的这种随机性在一定范围内也遵循统计规律。从事故的统计资料中可以找到事故发生的规律。因而，事故统计分析对制订正确的预防措施有重大的意义。

做好统计记录，有助于企业本身和行业整体安全管理水平的提高。

从事故统计报告和数据分析中，可以掌握事故的发生原因和规律，针对安全生产工作的薄弱环节，有的放矢地采取避免事故发生的对策。

通过事故的调查研究和统计分析，可以反映一个企业、一个系统或一个地区的安全生产状况，找出与同类企业、系统或地区的差距。统计数据是检验安全工作好坏的一个重要标志。

通过事故的调查研究和统计分析，可以为一个企业、一个系统或一个地区制定有关安全法规、标准提供科学依据。

通过事故的调查研究和统计分析，可以使广大员工受到深刻的安全教育，吸取教训、提高遵纪守法的安全自觉性，使企业管理人员提高对安全生产重要性的认识，明确自己的责任，提高安全管理水平。

通过事故的调查研究和统计分析，领导机构可以及时、准确、全面地掌握本系统安全生产状况，发现问题并做出正确决策。这项工作也有利于监察、监督和管理部门开展工作。

通过对事故的分析研究，所掌握的事故原因和规律可以促进事故防范和安全管理的科学技术进步和社会的发展。

事故统计分析就是运行数理统计方法，对大量的事故资料进行加工、整理和分析，从中揭示出事故发生的某些必然规律,为防止事故发生指明方向。事故统计分析是建立在完善的事故调查、登记、建档基础上的,即依赖于事故资料的完善齐备。然而这些完备的事故资料是由毫无规律的一件件独立的偶然事件的客观反映组成的,通过对这些大量的、偶然发生的事故进行综合分析,从中找出必然的规律和总的趋势,从而达到对事故进行预测和预防的目的。

事故统计分析是事故管理工作的重要内容。做好该项工作,能及时掌握准确的统计资料,如实反映企业或系统的安全状况和事故发展趋势,为各级领导决策、指导安全生产、制订计划提供依据。

事故统计分析的基本程序:事故资料的统计调查—加工、整理—综合分析。三者是紧密相连的整体,是人们认识事故本质的一种重要方法。

事故资料的统计调查是采用各种手段收集事故资料,将大量零星的事故原始资料系统全面地集中起来。事故调查项目应按事故调查目的设置,如事故发生的时间、地点、受害人的姓名、性别、年龄、工龄、工种、伤害部位、伤害性质、直接原因、间接原因、起因物、致害物;事故类型、事故经济损失、休工天数等。项目的填写方式,可采用数字式、判断式或文字式等。

事故资料的整理是根据事故统计分析的目的进行恰当分组和事故资料的审核、汇总,并根据要求计算有关数值,统计分组,如按行业、事故类型、伤害严重程度、经济损失大小、性别、年龄、工龄、文化程度、时间等进行分组。审核汇总过程,要检查资料的准确性,看资料的内容是否合乎逻辑,指标之间是否相互矛盾,通过计算,检查有无差错。事故资料的综合分析是将汇总、整理的事故资料及有关数据填入统计表或标上统计图,得出恰当的统计分析结论。

把统计调查所得数据资料,经过汇总整理,按要求填在一定的表格中,这种填有统计指标的表格称为统计表,如职工伤亡事故综合月报表。利用表中的绝对指标、相对指标和平均指标,可以研究各种事故现象的规律、发展速度和比例关系等。统计表的形式很多,有简单表、分组表和复合表等。简单表,如逐月事故统计表,按性别、单位划分的统计表等;分组表,如按工龄、年龄、文化程度划分的事故统计表;复合表则为两者结合的统计表。

统计分析的结果,可以作为基础数据资料保存,作为定量安全评价和科学计算的基础。科学的计算方法需要建立相应的数据库系统,如果数据这方面的积累不充分,所应用的评价方法将受到一定的限制。

6.事故后果评价

事故后果一般按人员伤亡、财产损失和环境破坏三个方面考量。近年,在事故后果分析中加入了社会影响因素的评判。对于城镇燃气供应等市政行业,供应中断、设施保障度也是直接影响事故后果及等级的重要因素,即使没有人员伤亡等损失,如果事件造成较大范围的供应中断或基础设施破坏,仍然应该认定为较大或重大事故。

0.6
本书中典型案例的选取

我们将国内外近年发生的、有比较详尽资料的若干典型事件进行了梳理、分析,选取了有代表性的案例,这些案例既有一些特殊性,也有普遍性,有些有安全生产监督管理部门的事故调查报告,有些是媒体报道的、有法院判决的燃气事件。详尽的分析对防范类似事件的发生、进行事故调查与管理、形成标准化应急程序都有重要的参考意义。我们还选取了北京市和全国范围内其他城市一些典型案例,通过对这些案例的分析,可以明确引发事故的真实原因,了解燃气行业及相关部门的事故应对,厘清燃气行业管理要求,燃气经营者与燃气用户的责权利,为今后防范类似事故的发生、依法依规处置燃气事件提供参考。

这本案例分析可以作为燃气安全课程的辅助教材,也可以作为燃气行业的安全教育资料,使学员理解燃气安全的重要性、了解燃气的特性与事故特点、了解公众及燃气专业技术人员应该如何应对突发事件、学习应急处置、事件资料留存和记录的成功经验;通过燃气突发事件的发生、发展及后果的分析,帮助学员理解各类事件的应急处置流程及措施;总结事件处置中的经验与教训,帮助学员学习事件分析方法。

选取的典型案例包括:

①存在安全隐患时,处置得当,避免事故;处置不当,造成人员伤亡的典型案例。

②设备故障叠加人员操作错误引发的事故。

③燃气公司科学处置，消除隐患的事件。

④燃气管道遭施工破坏后，多方配合，及时有效处置的案例。

⑤错误判断现场情况，延误抢修引发事故的案例。

⑥建筑物内发生燃气爆炸，室外燃气管道上方持续燃烧，细致排查，找出"真凶"的案例。

⑦符合规范要求的燃气灶具的连接软管被鼠咬破坏，发生意外事故的案例。

⑧在没有燃气管道、不使用燃气的建筑物内，发生燃气爆炸的典型案例。

⑨社会广泛关注的燃气泄漏、着火事件，对城市安全反思的案例。

⑩诉讼法律，法院做出明确责任判决的燃气事件等。

0.7

备注

本书原始资料的来源包括媒体报道、安全管理部门的事故报告及结论、事件相关燃气公司提供的资料、课题组调研收集资料、编写者多年参加燃气事故调查及行业培训积累的素材等。

在事件描述中，尽量隐去了具体的单位及人物名称，因为本书的目的是关注燃气事件的技术性分析。

第1章 发现隐患后，处置是关键

隐患是指潜在的危险，或可能发生危险的情况，可存在于许多事情中。在生产经营活动中，隐患是指可能导致事故发生、造成不良后果的人的不安全行为、物的不安全状态和管理上的缺陷。

根据国务院颁布的《城镇燃气管理条例》，燃气经营者应当定期对燃气设施进行安全检查。

不管是燃气供应单位，还是燃气用户，当发现隐患时，一定要认真对待，科学处置。众多事故案例表明：对于隐患，可能只造成了燃气泄漏，发现后处置得当，能够避免更严重的事故发生；处置不当或不做处置，就可能造成人员伤亡、财产损失的严重后果。

1.1

餐馆隐患不处理，最终导致液化石油气泄漏爆炸

这是一起典型的、对已经发现的隐患不做处理，最终导致事故发生的案件。

使用液化石油气的餐饮（商业）用户，在发现有漏气、明确知道存在安全隐患的情况下，并未采取任何处置措施，最终导致液化石油气泄漏并引发爆炸，造成人员伤亡。

法院审理后认定为"重大责任事故",因为事故责任人(餐馆老板)事发后能够积极配合,做出了经济赔偿,故判缓刑。

1. 事故概述

2014 年 11 月,厦门市某川菜馆发生燃气爆炸,事故造成 4 人死亡、3 人受伤,4 间商铺不同程度受损,直接经济损失 26.6 万元。

事后调查发现,2012 年底,该川菜馆老板曾对餐馆厨房进行过改造,在没有设置专用气瓶间的情况下,使用 50 kg YSP118 型液化石油气钢瓶作为燃料;随后的经营中,尽管发生过漏气,但川菜馆老板仍然疏于管理,没有建立用气安全管理制度,没有指定专人对燃气设施设备的安全进行管理,致使川菜馆长期存在安全隐患,最终导致爆炸事故发生。

案发当天,川菜馆厨房内液化气钢瓶角阀和与钢瓶连接的减压阀均处于开启状态,液化石油气泄漏并与空气混合,形成爆炸性混合物,遇火源后发生爆炸,导致人员伤亡,附近的店面和车辆也因此受损。

爆炸发生后,公安人员电话联系川菜馆老板,老板主动到案发现场投案,协助处理事故善后事宜,并于当天被刑事拘留。

事故发生后,川菜馆老板赔偿了死者家属和伤者各项经济损失共计 647 万余元。

2. 法院判决

厦门市人民法院审理认为:川菜馆老板对生产、作业负有组织、指挥和管理职责,但是违反安全操作规定,导致事故发生,造成人员伤亡及财产受损,应对事故负主要责任,已经构成重大责任事故罪;考虑其有自首情节,并能积极赔偿各受害人经济损失,可酌情从轻处罚;同时,因为具有社区矫正条件,因此,最终法院以重大责任事故罪,判处川菜馆老板有期徒刑三年,缓刑四年。

《城镇燃气管理条例》

第二十七条　单位燃气用户还应当建立健全安全管理制度，加强对操作维护人员燃气安全知识和操作技能的培训。

第四十四条　违反本条例规定，直接负责的主管人员和其他直接责任人员的行为构成犯罪的，依法追究刑事责任。

《北京市燃气管理条例》

第五条　燃气供应企业和非居民用户应当将燃气安全纳入本企业、本单位的安全生产管理工作。

燃气供应企业应当对燃气供应安全负责，并加强对燃气使用安全的服务指导和技术保障。燃气用户应当对燃气使用安全负责。

第二十五条　非居民用户购买瓶装液化石油气的，燃气供应企业负责直接配送、安装气瓶，并对其用气场所、燃气设施和用气设备进行安全检查。

第二十七条　燃气用户应当在具备安全用气条件的场所正确使用燃气和管道燃气自闭阀、气瓶调压器等设施设备。

第三十条　餐饮经营者使用瓶装液化石油气的，除遵守前款规定外，不得违反国家和本市有关餐饮经营者瓶装液化石油气安全使用条件中的强制性要求。

思考

如果在发生第一次液化石油气泄漏时，责任人能够认真对待，查找原因，消除隐患，就能够避免人员伤亡事故的发生。

与之相反，如果无视安全隐患，或心存侥幸，图一时省事，躲避小麻烦，那么大麻烦、大损失随时可能出现。

1.2
居民楼低压管线反复水堵,燃气公司消除隐患,确保平安

这是一起居民楼内用户反复停气,属地燃气公司在各方的配合下,不懈努力持续查找、分析判断,最终确定了故障原因和故障点,随后及时采取有效的技术措施,消除隐患、修复管道、恢复供气,成功处置的案例。燃气公司科学处置的态度和方法值得总结、学习。

1. 事故摘要

时间	2014 年 9 月 22 日—10 月 2 日
地点	某居民楼
事故类型	低压管线水堵、用户停气
影响范围	240 户居民用户
事故类别(性质)	非责任事故

2. 基本情况

2014 年 9 月 22 日,某燃气公司接报:辖区一居民楼户内出现停气,公司立即调派相关单位人员赶赴现场进行调查核实。

经现场检查,该居民楼北侧有燃气管道低压引入口,为 240 户居民供气,用户先后出现停气情况。

抢修人员在北侧地下室燃气管道引入口的主控阀门处发现管道内有积水,排放了管道内积水后,楼内恢复了燃气供应。

9 月 23—26 日，该居民楼北侧已复气的居民又多次报家中无气。燃气公司抢修人员在北侧地下室主控阀门下反复多次放出积水并进行复气，但一直没有发现管道中水的来源。

9 月 27 日，经燃气公司现场指挥部研究，暂时关闭了该楼燃气引入口控制阀门，进行逐户排查。在户内燃气管道各处彻底排查无果后，检查人员把关注点转移至户外，进行楼外燃气管线定点开挖，查找进水点。外线进水源查找工作一直持续到 9 月 30 日。

10 月 1 日，燃气公司经对现场情况进行认真分析总结，观察到该居民楼北侧消防井内积水水位在燃气管道排水后发生了变化（图 1-1）；检修人员初步确定了燃气管道的进水位置；随后进行作业坑开挖，终于找到燃气管道准确的进水点。

图 1-1 燃气阀门井内有明显积水

经确认，燃气管道进水的原因是：该居民楼北侧消防水管泄漏，水压击穿下方交叉经过的低压燃气管道（图 1-2）；消防管道里的水从破坏的孔洞处进入燃气管道，造成燃气管道水堵，导致居民楼停气。

图 1-2 消防水管泄漏，水压击穿燃气管道

10 月 2 日，燃气公司对受损燃气管道进行更换，并排除管道进水，恢复了该居民楼的正常供气。

3.燃气公司成功处置隐患的总结

• 接报后及时做出响应;当问题反复出现时,能够依据以往运行维护的经验,进行户内、户外管道设施可能问题点的逐项排查。

• 首先在建筑物内入户排查管道可能的进水源;认真检查、分析,直至排除户内燃气管道进水的可能性。

• 及时将排查重点转移到室外燃气管线;采取 5 m 线检测、泄漏检测,管道低点定位,管道防腐层破损点检测,激光检测仪测漏等专业技术手段,排查燃气管道的进水源。

• 争取相关单位的密切配合:燃气公司与维修、防腐专业公司以及市政管理单位、街道与居委会等协同工作,分析原因,排查隐患。

• 分析判断后,定点开挖了 5 个作业坑,在管道低点焊堵排水;分段排水查找,判定管道的进水源。

• 当最终确认是消防水管破坏漏水,造成低压燃气管道滴穿进水后,及时更换并修复了受损的燃气管道,恢复了 240 户居民的燃气供应。

思考

相邻的地下市政管道与设施在发生破坏后会造成相互间的影响。

燃气管道如果破坏,泄漏的燃气可能进入附近的无压管道或管沟、沟槽等空间,造成聚集,周边的其他有压流体也可能通过破损点进入燃气管道。

消防水管内的流体虽然不属于腐蚀性介质,但长时间滴漏,仍然可能造成燃气管道的穿孔破坏。

燃气用户发生停气、户内管道出问题的原因不一定在室内。

燃气管道及设施所处的环境直接影响管道设施的寿命及安全,局部环境不良可能造成燃气管道的意外破坏。

建议

为了防止燃气管道受到其他临近市政设施的影响、破坏，在规划设计阶段，应使燃气管道及设施的设置尽量避开不良的地质地段，包括土壤腐蚀性强、有杂散电流、可能产生不均匀沉降、出现滑坡及洪水冲刷等情况的地方。

在设计、施工阶段，应按照国家和行业规范要求，保证地下燃气管道与其他管道设施的水平间距和垂直净距；如果不能满足技术规范的要求，应有针对性地采取相应的防护手段。

对用户的报修、报警，燃气公司应第一时间做出响应，及时到现场查明情况；对反复出现的问题，应分析问题的根源，并予以解决。

隐患排除之前，不应中断处置。

在入户排查等工作中，争取社区及相关单位的支持非常重要；应按照法律法规中明确的各方责任、权利与义务协同开展工作。

1.3

发现燃气泄漏，仍然间歇供气，燃气公司员工担刑责

这是一起已经发现燃气泄漏，但没能成功避免事故的案例。

燃气公司员工接到报告，得知燃气管道发生了泄漏，但在没有找到泄漏点的情况下，为了不耽误下游居民用户做饭，决定延后维修，冒险维持燃气供给，最终泄漏的燃气被点燃，导致爆炸。

某些情况下，过于强调管道燃气供应"不能随意停止"，可能会使燃气公司的员工把握不好抢修停气的标准，在不能保证安全的情况下贸然维持供气。

1. 事故概述

2015 年 8 月 7 日,辽宁省某居民住宅楼发生燃气泄漏,负责燃气供应的某实业有限公司指派员工去查找泄漏点。两名员工违反相关操作规程,在泄漏点未找出的情况下,采取间歇式供气,导致燃气遇到电火花发生爆炸。事故造成 5 名居民死亡,20 余人受伤。

2015 年 8 月 5 日,某小区一居民住宅楼发生燃气泄漏,负责该地区燃气供应的公司接报后指派员工杜某去查找泄漏点。

随后,杜某领着两名工人在现场采用挖地坑方式查找燃气管道的泄漏点。到了傍晚居民做晚饭的时间段,在没有找到泄漏点的情况下,杜某为了不影响用户做饭,遂擅自决定,让公司采用间歇式供气方式向居民楼供气,每次送气约 2 小时。

当晚的供气没有发生异常,于是在次日早、中、晚三个做饭时段,杜某同样采用了间歇式供气的处理方法。这一决定虽然暂时解决了居民做饭用气的问题,但也使得燃气持续泄漏并聚集,形成事故隐患。

事发第三天上午,燃气公司应急处理现场指挥部副总指挥带领员工杜某及两名工人继续查找泄漏点,但仍未找到。10:00,杜某发现居民楼西侧地下室供暖换热站内燃气浓度超标,立即向副总指挥请示,副总指挥指示杜某购买排风机将地下室燃气排出,杜某随即外出购买排风机。

其间,公司应急处理现场指挥部副总指挥违反相关规定:

- 没有根据燃气泄漏程度确定警戒区域并设立警示标志;
- 没有安排燃气公司人员随时检测周围环境的燃气浓度;
- 在没有确定警戒区域内燃气浓度降至安全范围时即离开现场。

11:00,燃气公司员工杜某带着买到的一台"防爆"排风机返回现场,但他:

- 没有对排风机接头安装防爆金属盖、防爆胶泥;
- 没有对排气端连接专用放散设备;
- 没有在现场采取疏散、警戒和监护等措施;
- 在无人监护的情况下,单独操作,接通排风机电源开始对燃气泄漏的地下室进行通风排气。

11:50,泄漏的燃气被电火花引燃并发生爆炸,剧烈的爆炸炸塌了部分楼房,并造成

5人死亡,20余人受伤(图1-3)。

图1-3 燃气爆炸事故现场

案发后,涉案燃气公司与受伤人员、死者亲属达成赔偿协议,取得谅解。

2. 法院判决

法院一审以重大责任事故罪对燃气公司现场指挥部副总指挥及员工杜某各判处有期徒刑四年,后两被告人提起上诉。

特别提示

如果燃气公司员工的燃气专业知识及安全知识缺乏,对燃气的特性了解不够,对燃气泄漏、发生着火爆炸的后果估计不足,就有可能对异常情况不能做出准确的判断。

当事态超出燃气公司的处置能力时,如果不能与公安、消防、政府等部门配合,请求专业机构和队伍的支持,就有可能导致严重的后果。

在供气和安全不能同时保障时,安全应该是第一位的!

所有操作规程都不能停留在纸面上,应当通过教育、培训、演练等变成员工的自觉行动。

《城镇燃气管理条例》

第十九条　管道燃气经营者对其供气范围内的市政燃气设施承担运行、维护、抢修和更新改造的责任。

第四十二条　燃气安全事故发生后,燃气经营者应当立即启动本单位燃气安全事故应急预案,组织抢险、抢修。

1.4

认为泄漏可控,不肯停气维修,终致燃气爆炸

地下燃气管道在其他工程建设中被临时占压,重型施工车辆又反复从燃气管道上方经过,双重作用导致燃气管道破损泄漏。

燃气管道泄漏已经被发现并报告,燃气公司也到达了现场进行处置,仍然没能有效避免爆炸事故的发生。

发现燃气泄漏以后,燃气公司人员到达现场检测,得出结论:燃气泄漏在可控范围;为不影响管道下游用户做晚饭,不立即切断气源进行修复;坚持继续供应燃气;计划把泄漏抢险安排在用气晚高峰结束后进行。

在燃气管道泄漏现场,燃气公司虽然采取了疏散人群、设置警戒线、控制明火等措施,但仍然发生了燃气爆炸。

事故发生后,作为燃气用户的某公司将燃气公司与现场施工的某建筑公司作为共同被告诉至法院。

1. 法院判定结果

燃气公司对燃气泄漏的事态发展后果预见性不足，没有立即采取果断措施，拖延抢修时间，在该起事故中应负直接责任；

施工单位在施工过程中未尽到合理的安全注意义务，以致管道压裂，负有事故的间接责任；

被告燃气公司和施工单位对事故后果分别承担90%和10%的责任。

2. 事故概述

2012年12月30日下午，位于南昌市某路口，由被告某建筑公司承建的工地内，发生管道液化石油气爆燃事故。事故造成3人受伤，工地一栋二层活动工房及工地施工用电配电柜被烧毁，附近居民楼玻璃窗震碎等损失。

根据安全生产监督管理部门所作的《"12·30"燃气燃爆事故调查报告》：

事发当天下午，原告某公司员工在办公室外走廊闻到燃气味，于是通知楼下某建筑公司施工现场负责人王某去巡查一下。王某闻到燃气味后，拨打了当地燃气公司的燃气抢修电话。

15：40，燃气公司管线分公司巡线员李某、叶某先后到工地查看，发现燃气泄漏情况后即与工地方协商，准备采取疏散人员、设置警戒线、严控明火等安全措施。

施工现场负责人王某向叶某提出关闭燃气管道阀门，但叶某没有采取关停措施。

16：00，抢修人员张某等赶到现场，王某再次提出关闭阀门，但张某仍没有采取关停措施，坚持要到燃气使用高峰过后才能关闭阀门。同时，燃气巡线员、抢修人员提出，要求施工方配合抢修人员清理堆积在燃气管道上的余土，便于开挖抢修。

其后，抢修人员通过检测基本确定燃气泄漏位置后，向燃气公司管线分公司陈某报告了现场情况，并告知施工方要求关闭阀门一事，但未得到陈某同意。

陈某认为根据检测，泄漏属可控范围，须用气高峰过后才能关闭阀门抢修。

抢修人员张某等人布置好警戒工作，等施工方将工地人员疏散后，17：00离开。后巡线员叶某也离开，留下巡线员李某在现场看守。18：00，抢修人员张某等人再次返回工地现场交代工地负责人,要21:00才能开始抢修,并要求尽快清除堆积在管道上方的余土以便于开挖,交代完后张某等人便离开了。

18:30,工地燃气泄漏点附近着火,随后发生了爆炸。

3. 安监部门对事故责任的认定

安监部门在调查报告中对事故责任作出认定:

燃气公司对事态发展后果预见性不足,没有立即采取果断措施,切断气源组织抢险,拖延抢修时间,导致事故发生,在该起事故中应负直接责任;

某建筑公司对地下管网情况了解不够,致使载重车辆在管线上反复碾压,又在中压管道上方的地面上堆积大量余土,导致液化石油气中压管道断裂,是造成事故的间接原因,在该起事故中应负间接责任。

因双方未就财产损失的赔偿达成一致,原告诉至法院,要求被告赔偿事故造成的财产损失。

4. 法院审理判决

审理过程中,经原告申请,法院委托司法鉴定中心对原告在事故中的直接财产损失进行司法鉴定。该鉴定中心鉴定:截至2012年12月30日,原告某公司在"12·30"燃气燃爆事故中的直接财产损失为56万余元,原告为此花费了鉴定费1万元。另查明,被告燃气公司投保了2 000万元的公众责任险,每次事故的绝对免赔额为2 000万元,人身伤亡无免赔。

法院审理认为,本案应适用过错责任原则,根据我国《民法典》侵权责任法规定,因过错侵害他人权益,应当承担侵权责任;两人以上分别实施侵权行为造成同一损害,能确定责任大小的,各自承担相应责任。

在"12·30"燃气燃爆事故中,被告燃气公司在发生燃气泄漏后,采取措施不及时,拖延抢修时间,最终导致事故发生,应负事故直接责任;被告某建筑公司在施工过程中未尽到合理的安全注意义务,以致管道压裂,负有事故的间接责任。

综合二被告的责任大小,法院认为被告燃气公司承担90%的责任,被告某建筑公司承担 10% 的责任。原告花费的鉴定费 1 万元,由被告燃气公司和某建筑公司根据责任大小承担相应部分。被告燃气公司投保了公众责任险,故保险公司应在保险限额内承担相应的保险责任。

美国气体管道技术委员会(GPTC)在《配气管道完整性管理计划指南》中描述的泄漏分级标准

一级:发生泄漏,需要立即维修或持续行动,直到情况不再危险。例如,当可燃气体或任何气体的浓度,检测值达到其爆炸下限的 80% 时,应列为一级泄漏。建议的行动包括实施应急计划和其他潜在措施,重新安排交通路线和通知警察及消防部门。

二级:检测到的泄漏不会即刻发生危险,但在未来可能会造成危害。例如,在冻结或不利土壤条件下的泄漏,可能会迁移到建筑外墙附近的泄漏,任何可能导致在密闭空间中可燃气体浓度会达到爆炸下限 20% ~80% 的泄漏,均可以列为二级泄漏。如果潜在危险很高,在一个日历年内或更早的时间安排计划进行维修修复,是具有合理性的。

三级:检测到的泄漏是非危险性的,可以"合理预期并保持无害"。例如,任何导致密闭空间内可燃气体浓度低于爆炸下限 20% 的泄漏,可以列为三级泄漏。建议的处置措施包括在下一个运行维护周期时再次观察,或在报告数据后的 15 个月内重新评估泄漏情况,直到不再有泄漏迹象。

《城镇燃气设施运行、维护和抢修安全技术规程》(CJJ 51—2016)

5.2.1　抢修人员到达现场后,应根据燃气泄漏程度和气象条件等确定警戒区、设立警示标志,在警戒区内应管制交通,严禁烟火,无关人员不得留在现场。并应随时监测周围环境的燃气浓度。

5.3.5　处理地下泄漏点开挖作业时,应对作业现场的燃气或一氧化碳的浓度进行连续监测。当环境中燃气浓度超过爆炸下限的20%或一氧化碳浓度超过规定值时,应进行强制通风,在浓度降低至允许值以下后方可作业。

思考与建议

初始研判非常重要:燃气公司专业技术人员在到达现场后的重要任务是对燃气事件的异常情况做出正确的判断,明确事件的紧急程度、事态发展、可能的影响范围及后果等。

现场指挥人员或应急处置人员应根据现场实际情况,按照应急预案或现场处置方案做出处置决策并上报。

涉及第三方施工的占压、堆土等,燃气公司通常会要求施工单位协助处理土方;但应给予必要的安全指导,在燃气泄漏的现场,须在保障安全的前提下,做好抢修准备工作。

在燃气泄漏的抢修、维修现场,应持续监测工作坑及周围环境中的燃气浓度,保证作业现场的安全。

1.5

施工遗留物支撑燃气管道,造成焊口开裂引发爆炸

这是一起在没有燃气管道、不使用燃气的建筑物内发生燃气爆炸的典型事件。

最终的调查结果发现,若干年前,其他市政设施施工过程中临时设置了混凝土挡土墙,因种种原因,施工结束后未拆除;地下燃气管道常年被该遗留物支撑,加上管道位于交通繁忙的路口,造成燃气管道不均匀沉降、焊口开裂、燃气泄漏;泄漏的燃气沿污水、雨水混合的管道进入建筑物内并聚集,室内人员在开灯时引爆了燃气。

这起事件提醒燃气公司，对燃气管道附近的施工应给予特别的关注和严格的管理，对各类可能对燃气设施造成不良影响的遗留问题，应当持续关注并尽可能采取有效措施予以解决。

1. 事故摘要

时间	2016 年 1 月 25 日 04：00
地点	某路口附近，某单位半地下室
事故类型	燃气管道焊口开裂，燃气泄漏、爆燃
人员伤亡	3 人烧伤
财产损失	燃气泄漏，建筑物门窗及室内物品破坏
事故类别（性质）	地下构筑物长期应力，造成燃气管道焊口破坏

2. 基本情况

2016 年 1 月 25 日 04：00，位于某路口东南侧，某单位 6 号楼北侧半地下一层的安保人员备勤室内，一名保安员起床准备开始一天的工作。当该保安员开灯时，04：09 发生第一次天然气爆燃并导致室内起火燃烧，北侧备勤室内 3 名保安员被烧伤，南侧备勤室内的保安员被惊醒。事发时楼内共有 9 名保安员，其中 8 人自行疏散，1 人伤势较重被其他人救出。随后，伤者被送往附近医院救治。

事发时，北侧备勤室内的物品持续燃烧，爆燃现场产生了少量的明火和大量浓烟，半地下一层其他房间的门窗基本完好。北侧备勤室内高温烟气通过隔墙之间的空隙向西侧库房扩散，04：16，在备勤室西侧库房发生了第二次更剧烈的天然气爆燃，造成楼内门、窗大量破损，库房顶棚被破坏。

04：26，消防员赶赴现场进行处置，05：18 事故现场明火被扑灭。

1 月 25 日 07：15，属地燃气公司接报后到达现场，持续监测事故现场周边市政井室等处的燃气浓度，查找泄漏点。

1 月 26 日 04：30，确认燃气管道泄漏点，随后由专业抢修队伍进行抢修作业。

事后查明，发生泄漏的是位于某单位围墙以外、市政道路路面下的中压燃气管道

(DN400,钢管)。由于该管道附近其他市政设施多次施工、交通车辆载荷等原因,致使该中压燃气管道发生沉降;同时由于该处中压管道下面有一构筑物支撑,使得该管道发生不均匀沉降,进而导致管道焊缝环向开裂;焊缝开裂后,泄漏出的燃气沿附近的雨污水管道进入路边某单位6号楼,在半地下室聚集,当保安人员开灯时引起爆燃。该处雨污水管为混合设置,共用设施。

3. 燃气公司的处置过程

2016年1月25—26日,燃气公司及相关单位对某路口附近的半地下室燃气泄漏与爆燃事故进行如下修复处置:

07:15　接报后属地燃气分公司立即启动应急预案,调派相关单位人员赶赴现场进行情况核实。

07:45　属地管理单位人员到达现场,使用激光检测仪对事发地周边燃气管线进行检测,未发现燃气浓度。

08:00　现场人员使用HS660对爆炸现场附近两个雨水算子进行检测,检测到燃气浓度最高值为5.6%;进行气体成分分析未发现乙烷,但有甲烷、丙烷成分,初步判断气源可能为液化石油气;随后燃气分公司与液化石油气公司进行对接。

11:00　现场人员对附近三处路灯井进行检测,路口西侧路灯井有甲烷、丙烷成分,无乙烷。

12:40　现场人员再次对上述三处路灯井进行检测分析,气体成分中显示甲烷、丙烷、乙烷都有,并且随时间推移,燃气浓度越来越高。

根据现场情况,分公司适时提升了突发事件应急响应等级,包括通知分公司机关部室及所属各单位赶赴现场进行抢修工作;市、区相关单位到场进行配合,集团公司主管领导到现场指挥,集团公司相关部室到现场指导等。

分公司到达现场参与处置人员共155人,参加抢险车辆共78辆,相关单位携带检漏仪、打孔机等检测及抢修工具、设备、材料等到达现场待命。

16:30　燃气专业抢修公司到达现场,确定附近燃气管道弯点坐标。

17:00　参加抢修的人员全部到达现场,各单位抢修人员做好抢修准备工作。分公司现场指挥部进行统一调度、运行维护;所在交叉路口划定警戒区域,通知相关专业公司到现场配合;打开燃气管道附近的所有市政井井盖,监测井室内燃气浓度变化,并安排对管道可能泄漏点位置进行打孔检测；客户服务所根据属地运维所提供的降压抢修作业范围，统计受影响区域内的各类燃气用户，做好抢修通知工作。

17：25　指挥部制订抢修作业方案，同时要求各单位采取有效措施，加强现场监控，扩大检测范围，避免次生灾害发生。排水集团等专业公司对井室进行强制排风，降低市政井室内燃气的浓度。

22：50　对怀疑泄漏的燃气管线进行开挖，作业坑开挖完成后，经对管线检测未发现漏气点。

1 月 26 日 00：20　指挥部对各单位检测情况汇总分析，根据路口东南侧路灯井内燃气浓度较高，且井口手触有风感的情况，判断路中中压管道有泄漏可能，并确定对其进行开挖、查找管道泄漏点。

04：30　抢修人员找到管道漏气点，确认是路口附近中压 DN400 燃气管道焊口开裂，造成燃气泄漏。抢修人员随即进行扩坑处理，准备修复工作。

09：35　作业坑开挖完成，抢修人员到达各自岗位，开始进行管道降压控制及泄漏点抢修作业。

15：22　管道焊口开裂部位的抢修作业完成，管道压力恢复正常，平稳供气。

抢修结束后，燃气公司与相关专业公司配合，持续监测泄漏点附近市政井室内的燃气浓度，直至全部恢复正常。

4. 若干年前施工留下的构筑物，对燃气管道造成额外支撑

根据资料及当事人回忆，燃气管道泄漏点附近曾有排水集团公司施工，在施工过程中建有施工辅助构筑物，但施工完成后由于特殊原因没有进行拆除。

根据某市政公司提供的"关于事故点地下构筑物的说明"称，若干年前该单位进行市政设施施工时，在工作坑中临时设置一个钢筋混凝土结构构筑物，拟施工完成后拆除，后由于出现需要紧急处置的情况，未能对该构筑物进行拆除便将工作坑回填，其后，虽然多单位多次协调，均未能对该构筑物进行拆除处理，因此，"不排除此混凝土墙为施工时工作坑井墙的可能性"。

燃气公司提供的"关于构筑物的说明"材料称：初步判定，对燃气管道造成影响的构筑物，"为燃气管道侧下方污水管道施工工作井的临时喷锚支护结构"。

　　根据事后某工程设计院对燃气泄漏点四周进行全面盲扫探测显示："DN400 中压燃气管道镶嵌包裹在工作井混凝土墙体（构筑物）中"。

　　事故抢险过程中拍摄的视频及照片显示了该构筑物与燃气管线的位置关系，该构筑物对中压管道起到"额外的支撑作用"，导致管道发生不均匀沉降、焊口开裂（图1-4、图1-5）。

图 1-4　　其他市政设施施工遗留的构筑物对燃气管道造成额外支撑

图 1-5　　涉事中压燃气管道焊口开裂

5. 已认定的事实

1）爆燃气体来源

● 市政道路地下中压燃气管道（DN400，钢管）焊口开裂，导致管道天然气泄漏。

• 泄漏气体经附近合并设置的雨污水管沟进入路侧的某单位 6 号楼半地下室，经地漏渗入室内并形成燃气聚集。

2）点火源

某单位 6 号楼半地下室北侧备勤室内保安员开灯时引发爆炸。现场勘察发现，备勤室室内墙壁上照明灯开关处有明显的灼烧痕迹，涉事保安员称在开灯的一瞬间发生爆炸、着火。

3）事故原因

• 其他市政设施的多次施工、路面交通车辆载荷等原因，致使地下燃气中压管道下沉；同时由于中压管道下面额外的基础构筑物支撑作用，使得管道发生不均匀沉降，进而导致燃气金属管道环向焊缝开裂，造成燃气泄漏。

• 泄漏的燃气通过管道附近的雨污水管沟及地漏进入邻近建筑物中，在半地下室聚集，室内人员开灯时，引起燃气爆燃。

6. 事件特殊问题

没有燃气管道和设施的空间也会发生燃气爆炸！

• 事故发生后的第一时间，根据爆燃和室内破坏情况，初始判断为燃气爆燃，但该单位院内及爆炸发生的建筑物内，并没有任何燃气管道和燃气设施，是否是燃气爆炸需要谨慎判别。

• 爆炸后初始阶段，属地燃气公司到达事故地点附近进行监测时，第一时间未发现燃气浓度，稍后的检测中，未发现作为天然气特征成分的乙烷，但有甲烷、丙烷成分。因此，现场的专业技术人员初步判断，爆燃的可能是液化石油气。

• 事故点附近的路边有使用液化石油气钢瓶的商户，并曾经发生过液化石油气泄漏。

• 燃气公司持续监测后，1 月 25 日 08：00、11：00 两次在事故点附近检测出高浓度的甲烷、丙烷，表明附近可能发生了天然气泄漏。

• 随后几次检测出同时含有高浓度甲烷、乙烷、丙烷，进一步证明是天然气发生泄漏。

• 2016 年 1 月 26 日下午对 6 号楼半地下室保安员备勤室内燃烧残留物进行采样分析,检测到城镇管道天然气的特征成分——加臭剂"四氢噻吩",证实是天然气发生泄漏并进入了室内。

• 市政雨污水管沟及建筑物内的地漏连通,室外地下管道泄漏的天然气可以通过市政管道、沟槽等空间迅速扩散,并进入附近建筑物中。

• 当天然气通过雨污水管沟时,由于与下水道的气味掺混,天然气中加臭剂的警示作用会受到一定影响。

• 燃气公司鉴于燃气管道破坏地点为繁忙交通路口、周边人员密集、市政井室中燃气浓度持续上升等因素,在应急处置过程中采取了应急响应升级的措施,保证了抢修的顺利进行。

思考与建议

地下燃气管道泄漏时,由于土壤的阻力,扩散到地面并被检测到,可能需要一定的时间。

若没有检测出乙烷而排除天然气泄漏须慎重。

当有燃气泄漏的可能性时,应谨慎对待,持续监测,直至确认故障排除。

管理部门对所有市政设施的施工与维护、维修工作的合法性应进行有效监管,并设置举报机构与制度,加强社会监督。

对于第三方施工活动未采取有效措施保护其他专业管道设施、威胁公共安全的行为应追究责任并依法进行相应处罚。

施工单位应保证施工活动的合法、正确,遇有与其他管线设施相关的施工应主动做好施工配合,并采取管理与技术措施对已有的管道与地下设施做好防护。

施工活动结束后应确保不留可能引发事故或破坏的隐患,对不确定后果的施工行为等,应采取会商等方式协同处理。

对于燃气行业及燃气公司

应进一步明确燃气管道及设施的立体空间保护范围，通过制定法规、规范予以确认，并向社会公布。

制定详尽的管理制度，对燃气管线及设施附近的所有施工活动持续进行有效监控；形成与施工单位进行信息沟通与交流、明确各方责任的标准合同文本。

对已知的隐患，应采取有效手段予以排除；对暂时无法排除的，应留存详尽的技术资料档案，重点巡检，并持续关注、追踪解决情况。

对可能威胁燃气管道与设施安全的行为、事件进行甄别、记录、告知、举报等，争取主管部门的支持，必要时采取法律手段申明主张。

燃气事故现场指挥人员应经过培训，能够根据已经发生的事件及可能发生的情况、事件发生地点等，确认启动应急响应的等级，必要时决定应急响应升级；

抢修结束后，燃气公司应持续监测事故点附近井室及环境的燃气浓度，直至恢复正常，方可关闭事件。

第2章 故障不除，
事故难免

故障通常是指系统中部分元器件功能失效，导致整个系统功能恶化的事件。在生产系统中，机械设备的故障往往会危及设备和人身的安全。

2.1

管道焊口开裂，燃气泄漏被架空电线引燃

地下燃气管道焊口意外开裂，燃气泄漏着火之前，燃气公司已经通过 SCADA 监控系统，发现事故点附近的中压 A 调压站进口压力出现明显下降，公司调度室已经安排员工到现场查看，核实情况，为事故的应急处置赢得宝贵的时间。泄漏的燃气逸出被管道上方架空的电线引燃，现场燃起大火。在当地政府部门、消防部门、燃气公司多方的共同努力下，由于疏散人员及时，燃气设施抢修快速，最终没有造成人员伤亡。

这是一起引起社会广泛关注的燃气泄漏、着火事件。但这起事件的点火源是燃气管道上方的高压电线。我们在总结应急措施的同时，需要进一步思考燃气管道与设施和城市其他设备设施之间的关系；可能需要重新审视规范标准中的相关规定是否满足安全要求，"本质安全化"应该贯穿规划、设计、施工及运行各个阶段，成为保证燃气设施

和城市安全的基本要求。

　　事发后,市政府召开安全生产工作紧急部署会议,市领导要求,要切实加强对地下管线、城市运行、交通、建筑施工、危险化学品和烟花爆竹等领域的安全监管,全力抓好安全生产工作,坚决防范有重大社会影响的事故发生;事故的后续应对工作,要确保工作人员及周边群众绝对安全,抓紧排查燃气管线隐患和查清事故原因,妥善做好善后保障工作。

1.事故摘要

时间	2016 年 12 月 23 日 12:00
地点	某居民小区附近
事故类型	燃气管道泄漏、着火
人员伤亡	无人员伤亡
财产损失	燃气泄漏;周边车辆、房屋构件、路灯杆、信号灯杆、电缆、草木等受损
事故类别(性质)	燃气管道焊口断裂造成燃气大量泄漏;管线上方架空电线将燃气引燃着火

2.基本情况

　　2016 年 12 月 23 日 12:00,119 指挥中心接到报警:某居民小区门口天然气管道泄漏引发爆燃,遂调派 5 个中队 19 辆消防车前往处置。

　　市城市管理委、市燃气集团、市电力公司、市应急办等有关部门和区政府迅速到达现场,有序开展应急工作。附近居民被迅速疏散,周边公交车被安排绕道行驶。

　　燃气泄漏、着火事件受影响居民用户 2 600 余户、非居民用户 6 户(含两个燃气锅炉房);由于疏散及时、应对得当,现场没有人员伤亡;事故地点周边停放的 10 余辆汽车及车载货物、附近楼房西侧部分保温外墙及用户外窗、1 根路灯杆、2 个信号灯杆及部分电缆、6 棵松树及周边草坡等财物受损。

市消防局 5 个中队、19 辆消防车、140 余人到现场扑救；消防员通过水枪阵地隔离小区与着火区域，用水幕水带隔离燃气泄漏起火区域，使其稳定燃烧。

属地燃气公司接报后到现场按流程处置。燃气公司领导赶赴现场，指挥应急抢险救援工作；分公司相关业务部室、应急抢修人员及相关公司应急抢修人员参与事件现场的抢险救援工作，并于抢修完毕后安排人员值守，随时对受事件影响停气的居民家进行入户复气。

燃气公司完成事故现场处置任务共耗费约 30 小时。

本次事故未造成人员伤亡，但事故导致周边停放的车辆、部分房屋构件、路灯杆及电缆等财物受损。

3. 燃气公司应急处置情况

23 日 12:06　属地燃气分公司调度室通过 SCADA 监控系统，发现事故点附近的中压 A 调压站进口压力出现明显下降趋势，电话通知运行维护人员到现场查看。

12:07　燃气集团调度中心电话通知分公司调度室查看该地区管网运行情况。

12:09　分公司调度室接到集团调度中心抢修单，某居民小区门口有燃气味，即派抢修人员到场排查。

12:13　分公司调度室再次接到集团调度中心抢修单，该居民小区 115 号楼附近燃气井盖内冒黑烟、有燃气味、未见明火，小区居民无法用气（图 2-1）。

12:25　运行人员到场，发现现场已经着火，立即到附近中压 A 调压站 2#闸井处，做好关闭燃气管道阀门的准备并向调度室反馈现场情况；分公司立即启动应急预案，同时安排相关领导及人员赶赴现场。

12:30　分公司应急人员关闭中压 A 调压站 2#闸井阀门，切断燃气气源。

图 2-1　地下中压燃气管道泄漏，
地面冒出滚滚浓烟

12:34　分公司调度室接到集团调度中心抢修单,居民小区 115 号楼户外燃气管线泄漏且着火。

12:37　关闭中压 A 调压站 1# 闸井阀门。

12:50　分公司后续应急队伍到场,组建现场指挥部,并制订抢修方案。现场组建管线抢修组和户内抢修组,同时开始统计受事故影响的燃气用户数量,并通知重点用户。

13:10　现场火势得到控制。

13:50　着火点完全熄灭。

14:00　管线抢修组开挖管线。

14:56　管线抢修组挖出局部漏气管线。

15:15　户内抢修组开始关闭小区各居民楼引入口立管阀门。

18:39　管线抢修组将破损管线完全挖出,发现管线焊口部位断裂(图 2-2);对管线做临时处理,使工作坑具备作业条件。

**图 2-2　事故后开挖出的燃气管道,
显示其焊口破损**

18:48　管线抢修组开始对破损管线进行修复。

24 日 00:00　破损管线焊接修复完毕。

00:20　管线抢修组开始进行管线燃气置换。

00:40　对受事故影响的锅炉房完成恢复通气。

08:00　户内抢修组开始对居民用户进行复气作业。

18:14　384 户居民用户复气完毕,剩余 823 户无人户,属地分公司安排 24 小时值守,随时对无人户进行入户复气。

截至 28 日 22:00,剩余无人户 147 户尚未进行复气。

4. 燃气公司应急处置的关键点

• 当燃气管道发生较大泄漏时,燃气分公司调度中心通过 SCADA 监控系统对燃气管网的实时监测,已经及时发现燃气管线的异常情况并安排自查。

• 分公司收到集团调度中心抢修单后,及时启动应急预案,立即做好关闭调压站阀门的准备并向调度室反馈现场情况;在处理事故过程中,对重点燃气用户和居民用户分别进行燃气事故处置工作安排。

● 消防部门采取有效措施将着火区域与周边进行隔离,维持泄漏的燃气相对稳定燃烧,防止泄漏燃气的逸散,避免次生灾害的发生。

● 相关部门及时做好周围居民的疏散工作,防止人员伤亡(图2-3)。

● 事故后期燃气公司联系属地政府及保险公司对受损情况进行摸排,协助做好财产理赔工作。

图2-3 事故点周围应设置警戒线、
放置抢修标志,无关人员不得入内

5. 已认定的事实

1) 事发管线基本信息

事故路段 DN500 中压 A 燃气管线于 2004 年 12 月投产使用,设计压力为 0.2 ~ 0.4 MPa,实际运行压力为 0.098 MPa,管道埋深约 1.6 m。

管道材料为螺旋卷焊钢管,管道防腐材料为塑化沥青防腐蚀胶带。

2) 事发管线运行现状

按照燃气公司生产运营管理体系运行管理要求,该管线运行周期为每周不少于一次,5 m 线检测周期为每半年一次,泄漏检测每两年至少检测一次。

属地燃气分公司严格按照维护运行要求,对该管线每周运行两次,并于 2016 年 9

月 1 日和 11 月 23 日分别对该管线进行了 5 m 线检测和泄漏检测(近两个检测周期),并做好运行及检测记录。

事发当日上午,运行人员进行日常管网运行,该路段运行过程中未发现异常。

3)泄漏着火燃气来源

中压燃气管道焊口突发断裂造成燃气大量泄漏。

4)点火源

事故地点附近的监控录像显示,燃气管线上方架空的电线引燃了泄漏的燃气(图 2-4)。

图 2-4 监控显示,燃气泄漏后被上方的
架空电线点燃着火

思考与建议

加强燃气管道设施施工安装的质量管控,保证竣工验收的可靠。

留存施工、竣工验收及日常运行、维护的图档资料,对重要燃气管道焊口位置进行记录,以备后期运行检测及抢修力量的安排。

研究对燃气管道焊口可靠性的实时检测方法。

探讨在技术规范中增加"禁止在燃气管线上方架设高压电线,或在高压电线下不得敷设燃气管线"的必要性。

关于燃气保险

保险是市场经济条件下风险管理的基本手段,是社会保障体系的重要支柱。

从经济角度看,保险是分摊意外事故损失的一种财务安排;以较小的投入,换取事故情况下的经济补偿,可以达到风险分担的目的。

对燃气用户加强安全宣传,扩大燃气企业和用户燃气安全保险的投保范围和力度,争取政策支持、保险公司让利,实现燃气风险多方分担,可以促进燃气企业安全生产管理,减轻事故赔付负担;对燃气用户可以增加燃气使用的安全保障。

---

6. 类似事件

①2015年6月7日,某居民小区厨房发生爆燃,抢修人员检查时发现,调压器弹簧因质量问题断裂,导致中压燃气进入低压用户引发事故;事故造成一人轻微灼伤,用户家厨房、客厅及两个房间的玻璃震碎。

②2015年2月4日,某燃气公司工程所运行人员在日常巡检中,测出市政井中有燃气浓度,打孔寻找,开挖修复后确认,是DN80低压抽水缸腐蚀损坏造成漏气。

③2015年1月8日,某燃气公司运行人员发现疑似燃气管道漏气。开挖后发现,因为输配管道防腐层黏附力差,造成管线漏气处防腐层没有贴合管道;加上管线位于绿化带下,土壤潮湿,防腐层破损。

欧洲天然气管道事故数据组织(EGIG)统计非人为因素造成的
天然气泄漏事故数据显示

1970—2016 年,燃气管道的总故障频率等于每年每 1 000 km
0.31 起。

2016 年的 5 年移动平均故障频率(代表过去 5 年的平均故障频
率)等于每年每 1 000 km 0.134 起。

2.2

工人忘记关阀门,叠加止回阀失效,燃气泄漏爆燃

这是一起工人忘记关阀门、管道安全设施(止回阀)失灵叠加,共同作用导致的事故,是典型的操作人员失误、技术措施失效的责任事故。

爆炸发生在发电厂氮气瓶间,初始判断是氮气瓶爆炸,媒体也据此进行报道。氮气瓶属压力容器,根据氮气的性质,氮气瓶发生爆炸原因可能是容器超压。进一步调查发现,氮气瓶间所有氮气瓶完好,现场并未发现氮气瓶碎片,现场有过火、烧灼痕迹。调查转向疑似燃气爆炸,但是氮气瓶间并没有燃气管道及设备。

最终调查结果:发生爆炸的是没有燃气管道和任何燃气设施的 MCC 控制间,参与爆炸的燃气是从隔壁的氮气瓶间经氮气管道放散阀释放后,通过墙壁上的缝隙渗透到 MCC 控制间并聚集;点火源疑似控制柜启动,事故现场在控制柜上看见灼烧痕迹。

该事件再一次警示:没有燃气管道和设备的地方(房间)也可能发生燃气爆炸(爆燃)。在生产、生活场所,能够点燃燃气,发生火灾爆炸的点火源种类很多,包括明火、高温热源、电器设备启闭、微波及电磁波等。

这起事故带给管理者的思考是如何对员工进行技术教育和安全管理,保证员工严

格执行操作规程;对于运行维护人员,则应该思考如何防止操作失误。

1. 事故摘要

时间	2012 年 6 月 6 日
地点	北京市朝阳区北京太阳宫天然气发电厂
事故类型	燃气爆炸
人员伤亡	2 人死亡、1 人重伤
财产损失	燃气泄漏,建筑物损毁
事故类别(性质)	安全设施损坏和作业人员违章操作导致的生产安全责任事故

2. 基本情况

2012 年 6 月 6 日 14:00,北京太阳宫燃气热电有限公司厂区内,启动锅炉房附属建筑增压站 MCC 控制间内发生燃气爆燃事故,造成 2 人死亡、1 人重伤。

事发时,4 名保洁工到增压站 MCC 控制间进行保洁作业。14:00,一人打开增压站 MCC 控制间门进入房间,另外两人在门外做准备工作,还有一人在增压站 MCC 控制间东侧路旁休息。14:02,增压站 MCC 控制间发生爆燃,爆燃冲击波将在门外做准备工作的两名保洁工抛至距控制间 20 余米外的路面,导致两人死亡,室内保洁工受重伤。

北京市消防指挥中心 14:05 接警后,派出 7 辆消防车赶赴现场处置。

3. 事故前事件

太阳宫发电厂在 6 月 6 日处于停产期,厂内人员较少。

按照规定,太阳宫发电厂燃气计量表到期进行了离线校验;校验合格后由燃气计量设备厂家、燃气公司运行维护人员到现场进行燃气表的安装。

太阳宫发电厂运行维护人员配合燃气表安装过程中燃气管道的置换工作。

6 月 6 日上午在进行燃气管道氮气置换后,计量设备厂家进行了燃气表的安装。10:00,燃气表安装完成。

随后,太阳宫发电厂运行维护人员应在管道系统进行燃气置换氮气以后,关闭氮气系统相关阀门设备,燃气系统进入正常运行。

但是太阳宫燃气热电有限公司巡检员在实施管线燃气置换作业后,未按要求关闭一次阀(截止阀)、二次阀(手动球阀),致使天然气逆流进入氮气瓶间的氮气瓶连接管线系统,并在氮气连接管末端的放散口放散。

放散阀放散的燃气在氮气瓶间聚集,并通过墙体裂缝扩散至增压站 MCC 控制间,遇配电柜处点火源发生爆燃。

4. 事故原因

- 市安监局事故调查组认定事故的直接原因为防止天然气逆流的止回阀损坏失灵及工作人员违章操作,属于生产安全责任事故。
- 太阳宫燃气热电有限公司巡检员在实施管线燃气置换作业后,未按要求关闭一次阀(截止阀)、二次阀(手动球阀),致使天然气逆流至氮气管线系统,属于违反操作规程。
- 系统中防止天然气逆流的止回阀失效,未能阻止天然气回流至氮气瓶间的氮气连接管,属于安全设施失效。

5. 事件特殊问题

- 氮气瓶间的氮气连接管末端设置放散阀,以备系统超压时放散,保证系统安全,这是氮气系统设计的安全要求,但该放散口没有引至室外,而是设置在了放置氮气瓶的房间室内,造成燃气回流、超过氮气系统放散压力后放散在了氮气瓶间内,形成聚集。
- 氮气瓶间与增压机 MCC 控制间虽为实体墙,但墙体在设计时未考虑隔绝气体,当燃气在氮气瓶间聚集浓度增加后,通过墙体裂缝扩散至增压站 MCC 控制间。
- 经模拟分析,此次事故 MCC 控制间内部参与爆燃的天然气量约为 42 m^3,与现场情况最为吻合。

● 天然气通过氮气瓶间内安全阀后端放散口泄漏量约为 480 m^3/h。

● 泄漏天然气在 MCC 控制间形成聚集,当保洁人员打开房门后,室内天然气受到扰动与空气混合,在配电柜处达到爆炸极限(浓度约为 9.5%),被点火源点燃,最终导致爆燃。

● 在两个房间内燃气泄漏至爆燃的过程中均未出现报警,是因为在正常生产运行过程中,氮气瓶间与 MCC 控制间一般没有燃气进入,因此,在这两个房间内没有设置燃气泄漏报警与切断装置。

思考与建议

与传统火力发电相比,燃气发电具有高效低耗、启动快、能源利用率高、投资省、建设期短、省水及占地少等优点。

各电厂的环评主要是对其环境影响进行评价,安全性并不是环评重点。北京市环保局《关于太阳宫燃气热电冷联供工程环境影响报告书的批复》显示,该热电厂的排气、噪声、排水标准均全部达标。

目前,燃气发电企业开展安全性评价时,缺乏权威的评价体系和评价标准,基本上参照火力发电企业的评价内容进行,但是,已有火力发电安全性评价标准、体系并不完全适用于对燃气发电企业进行评价。

燃气热电厂在安全管理方面缺乏统一、标准的安全管理模式。

制订安全评价标准时,对人的安全管理应作为评价重点之一;对操作人员的技能培训、操作标准化检查,应常态化,以便随时发现问题。

安全设备设施应具备有效性的检查和保障措施,防止失效,用技术手段控制系统的可靠性是最有效的。

在燃气泄漏现场,即使没有故意点火,也可能引起着火、爆炸。

当燃气浓度达到爆炸极限时,某一波段的微波、电磁波、静电、电器与设备开关等均能提供燃气着火的点火能量,引燃燃气。

附：

北京太阳宫燃气热电有限公司"6·6"燃气爆燃一般事故调查报告

（部分摘录）

一、基本情况

（一）事故单位基本情况

北京太阳宫燃气热电有限公司隶属于北京能源投资（集团）有限公司，由北京能源投资（集团）有限公司和国电电力发展股份有限公司共同出资组建。建设规模为 2 台 350 兆瓦级燃气蒸汽联合循环发电机组，年发电量 34 亿 kW·h，供热面积 1 000 万 m²，供热区域 40 km²，占地 9 hm²，承担奥运场馆及其周边地区供热任务，同时为北京电网提供重要的支撑电源。2005 年 10 月 8 日，太阳宫燃气热电有限公司厂区整体工程经北京市发改委核准，2006 年 7 月 13 日正式开工建设，2007 年 12 月 29 日 1 号燃机首次并网发电，2008 年 5 月 20 日发电转入商业运营。

2010 年 7 月，该单位将 780 MW 燃气联合循环机组检修维护工作外包给北京京丰热电有限责任公司，双方签订了《外委服务合同》。同月，北京京丰热电有限责任公司将服务项下的保洁服务项目分包给北京路路通保洁服务有限公司，双方签订了《保洁服务分包合同》。

（二）爆燃区域建筑及相关管线情况

爆燃事故现场位于太阳宫燃气热电有限公司厂区西北角的启动锅炉房建筑楼房。该楼建设于 2007 年 4 月，2008 年 5 月竣工，建筑面积 308 m²，房屋整体采用钢筋混凝土框架结构，部分为斜坡屋顶。该建筑共分为四个区域，自东向西依次为增压站 MCC 控制间、氮气瓶间、启动锅炉房以及启动锅炉 MCC 控制间（图 2-5）。各房间隔墙及四周墙体均采用充气水泥砖填充砌筑，充气水泥砖墙体与混凝土梁之间采用实体灰渣砖斜放填充，内外墙与房屋立柱之间连接有钢筋，房间窗户为双层玻璃塑钢材质，门为铁质防盗门（门边有橡胶条密封）。

爆燃区域为增压站 MCC 控制间，该房间为一层，建筑面积 84 m²，与氮气瓶间有墙体隔离。

图 2-5　事故相关场所位置图

增压站 MCC 控制间为无人值守远程控制机房,主要控制启动锅炉房建筑楼房东侧天然气调压、增压站内的设备运转。

增压站 MCC 控制间东侧(距外墙 1 m)地下有一条南北走向混凝土浇筑电缆沟。电缆沟呈"凹"字形,上盖水泥盖板,宽 0.9 m,深 0.8 m,由增压站 MCC 控制间东侧地下进入增压站 MCC 控制间,在室内地下南北向呈"U"字形布局,上盖有水泥盖板,东侧电缆沟上摆放有两组控制柜,西侧电缆沟上摆放有五组控制柜。增压站 MCC 控制间南侧(距外墙 0.6 m、地下 1.6 m 深处)有一条东西走向 DN100 的天然气管线,通往启动锅炉。

氮气瓶间室内西南角部位有一条 DN180 氮气主管线入地,主阀门内侧有一安全阀,连接有氮气放散口,放散口设置于室内,设计排放压力为 0.99 MPa。该管线由氮气瓶间外南侧地下向东进入调压站和主厂区,用于燃气管线的吹扫,管线设计工作压力为 0.6 MPa。

增压站 MCC 控制间外北侧约 12 m 处地下有一条由调压站至厂前区食堂的 DN80 天然气管线,压力为 0.3 MPa。

调压站位于增压站 MCC 控制间东侧增压机房内,调压系统天然气流向依次为天然气市政管线(管线压力为 2.2 MPa)、天然气粗精一体过滤器、流量计、电加热器、调压站、至启动锅炉和厂前区食堂。

(三)事故发生前爆炸区域周边作业情况

2012 年 4 月底,北京市燃气集团有限责任公司按照《中华人民共和国计量法》中"贸易结算用流量计须定期标定"规定,对安装在太阳宫燃气热电有限公司增压调压站内用于贸易结算的启动锅炉 DN50 流量计进行拆卸标定,5 月底完成标定后,定于 6 月 6 日对流量计进行回装。

经调查,由于流量计安装在太阳宫燃气热电有限公司增压机房,回装流量计工作应当由太阳宫燃气热电有限公司人员配合完成。按照太阳宫燃气热电有限公司生产作业要求,市燃气集团安排运营调度中心、燃气集团高压分公司、天环公司、佳华公司等 7 名人员在太阳宫燃气热电有限公司发电部 3 名工人配合下,于 6 日 09:00 开始回装作业。

6 月 5 日 17:00,太阳宫燃气热电有限公司生产保障部樊某在厂内计算机系统内提交热工工作票(工作票编号:WT201206050023),工作内容为"启动锅炉管线流量计回装"。该工作票的工作许可人为发电部运行丙值主值班员李某(其主要职责是核实安全措施是否符合要求,工作完成后到现场确认工作终结)。发电部工作人员黄某、刘某负责现场安全措施的执行,吹扫天然气管线。

6 月 6 日 08：30，主值班员李某到流量计回装现场下达了工作票。09：00，黄某依次关闭天然气流量计入口阀门、启动炉 ESD 阀门和厂前区阀门，然后打开电加热器放散阀门，待电加热器压力下降后，关闭电加热器出口阀门，将流量计入口阀门至电加热器出口阀门这段管线与其他管线隔离，打开电加热器放空阀门，把这段管线内部的天然气排空。随后通过对讲机通知位于氮气瓶间的刘某打开氮气汇流排阀门，然后黄某关闭电加热器放散阀门，打开两个电加热器下方用于天然气置换的氮气一次阀（截止阀）和二次阀（手动球阀），待这段管线内氮气充满并达到一定压力后，打开流量计后的天然气管线放散阀门。在吹扫过程中，发电部副主任吴某来到作业现场，要求黄某在流量计回装前，关闭流量计出口阀门，将氮气充到电加热器出口阀门至流量计出口阀门这段管线中，关闭电加热器下两个氮气阀门保压。在流量计回装后，利用电加热器出口阀门至流量计出口阀门这段管线内部的剩余氮气，吹扫置换流量计入口阀门至出口阀门这段管线因更换流量计进入的空气。黄某三次吹扫该段管线后，打开电加热器放散阀门和取样阀门，用天然气检漏仪检查天然气浓度为 0.5%，关闭电加热器放散阀门和取样阀门。随后，按照吴某要求关闭了流量计出口阀门，把氮气充到电加热器出口阀门至流量计出口阀门这段管线，但并未关闭电加热器下方一次阀（截止阀）、二次阀（手动球阀）。此时，黄某通知位于氮气瓶间的刘某关闭氮气汇流排阀门。此后，北京燃气集团有限责任公司高压管网分公司王某、苗某对作业现场环境燃气浓度进行检测，经检测符合要求后，北京天环燃气有限公司管道维护分公司徐某、李某对流量计进行拆装，北京嘉华鑫业设备控制公司王某、刘某对流量计二次仪表线进行拆接。09：42，流量计回装工作完成，黄某打开流量计出口阀门，反复开关了几次流量计后的放散阀门，将流量计入口阀门至出口阀门这段管线内空气置换成氮气。置换结束后，黄某关闭流量计放散阀门，并打开流量计入口阀门和电加热器放散阀门将该段管线内氮气恢复为天然气。09：47，黄某打开电加热器旁取样阀门，用检漏仪检测天然气浓度为满值后，关闭取样阀门和电加热器放散阀门，依次打开启动炉 ESD 阀门、电加热器出口阀门和厂前区一次阀门后，离开作业现场。

二、事故发生经过、信息报告、应急救援和善后工作情况

2012 年 6 月 6 日 14：00，由京丰热电厂聘用的北京路路通保洁服务有限公司保洁工人田某、郑某、董某和桂某 4 人，到增压站 MCC 控制间进行保洁作业。14：00，田某打开增压站 MCC 控制间门进入房间，郑某、董某在门外做准备工作，桂某在增压站 MCC 控制间东侧路旁休息。14：02，增压站 MCC 控制间发生爆燃，爆燃冲击波将在门外做准备工作的郑某、董某抛至增压站 MCC 控制间 20 余米外路面死亡，室内人员田某受重伤。

爆燃产生的冲击波造成增压站 MCC 控制间屋顶隆起,四面墙体被炸毁。北侧厂区铁制栅栏墙、东侧 18 m 处调压增压站外墙、南侧 14 m 处循环水 PC 间外墙、东南侧约 60 m 处的 1 号发电机组外墙均不同程度被破坏。启动锅炉房与氮气瓶间隔墙最南端氮气放散口及上部墙体位置有过火燃烧痕迹。

事故发生后,太阳宫燃气热电有限公司立即开展抢险和灭火工作。市、区公安、消防、医疗卫生、安全监管、城管、质监等部门和属地政府以及市燃气集团接到报警后迅速赶赴现场投入抢险救援工作。北京市公安局迅速抽调警力,布置警戒,封锁现场、疏散周边群众。市消防局组织 9 辆消防车 63 名消防员对事故现场开展搜救和灭火工作。市燃气集团和太阳宫燃气热电有限公司紧急关闭了相关燃气阀门,启动锅炉房内的火势得到控制。

全力搜救,14:30,事故现场共发现 2 名死亡人员和 1 名重伤人员,重伤人员被立即送往积水潭医院医治。现场搜救工作于 19:10 结束。本次事故共造成 2 人死亡,1 人受伤。

三、事故原因与性质认定

事故调查组依法对事故现场进行了认真勘查,查阅了有关资料,对事故目击者和涉及的相关人员进行了询问,同时结合专家分析及技术鉴定结论,查明了以下情况:

第一,事故现场氮气瓶间内氮气安全阀放散口及其上部墙体有燃烧过火现象存在,确认事故发生后,此放散口仍有天然气泄漏,并存在喷射状火焰。

第二,通过调阅调压站流量计(以下简称"流量计")运行记录证实,流量计从 6 月 6 日 09:47—14:02 存在约 2 500 m³(标准大气压下体积)的天然气流过。经过此表的天然气一路供厂前区食堂,一路供启动锅炉,其下游再无其他用气设备。根据调取食堂日常用气量分析,每天食堂用气量在 100 m³ 左右。当天启动锅炉没有工作。通过对流量计的远传数据与流量计回装作业起始及结束时间比对,流量计回装工作结束时间与当天流量计读数变化起始时间一致,同时,流量计读数结束时间与事故发生时间吻合。由此认定从此流量计流出的 2 500 m³ 天然气是此次爆燃事故的气体来源。

第三,国家特种泵阀工程技术研究中心对止回阀检测证实,止回阀不能密封,反端无法建压。止回阀流道基本处于畅通状态,不能达到阻止天然气逆流氮气管线的目的。经计算,电加热器下手动球阀和止回阀在 2.2 MPa 压力下流通能力为 801.40 kg/h 空气,相应压力下的体积流量为 30.07 m³/h,约合标准大气压下($P = 0.101$ MPa(a),$T = 0℃$)体积流量 619.80 m³/h。在事故发生前 4 小时的气体泄漏量与调压站前流量计显示的约 2 400 m³ 天然气(不包含厂前区食堂燃气用量)基本一致。由此认定天然气由增压机房调压站电加热器下的二次阀(手动球阀)、止回阀和一次阀(截止阀)逆流进入氮气系统,从氮气瓶间内安全阀放散口泄漏至氮气瓶间内,与实际泄漏量基本一致。

第四,太阳宫燃气热电有限公司发电部运行丙值巡检员黄某违章操作,未按照太阳宫燃气热电有限公司《S209FA 联合循环机组运行规程》管路天然气置换氮气的要求关闭电加热器下一次阀(截止阀)、二次阀(手动球阀),便离开现场;发电部运行丙值主值班员李某,作为工作票许可人,在工作结束后也未亲自到现场检查验收。

第五,天然气在氮气瓶间和增压站 MCC 控制间扩散模拟计算分析。由于氮气瓶间和增压站 MCC 控制间的隔断墙体完全损毁,无法找到氮气瓶间内泄漏的天然气扩散至增压站 MCC 控制间的直接证据。事故调查组委托劳动保护科学研究所对氮气瓶间内氮气管道安全阀放散口处天然气流量进行计算,并委托北京理工大学爆炸科学与技术国家重点实验室结合现场爆燃后情况对增压站 MCC 控制间内参与此次爆燃事故的天然气进行模拟分析,经模拟分析认定,氮气瓶间内氮气管道安全阀放散口天然气泄漏量约为 480 m^3/h;在增压站 MCC 控制间内部参与爆燃的天然气量为 42 m^3 时,爆燃破坏情况与现场情况最为吻合。

第六,事故发生前,聚集在氮气瓶间内的天然气具备扩散进入增压站 MCC 控制间并形成聚集的能力。事故调查组委托专家组结合上述计算和模拟结果进行综合论证得出以下结论:一是启动锅炉房整体采用混凝土框架结构,各房间隔墙及四周墙体均采用充气水泥砖填充砌筑,充气水泥砖墙体与混凝土梁之间采用实体灰渣砖斜放填充。由于氮气瓶间与增压站 MCC 控制间之间墙体在设计时未考虑隔绝气体,采用的充气水泥砖、实体灰渣砖和混凝土梁各自膨胀系数不同,在填充墙体沉降和温度变化影响下,填充墙体顶部与混凝土梁的交接处出现通体裂缝。专家对太阳宫热电厂相同年代和结构建筑物进行验证,证实类似结构墙体均存在无法对气体形成有效隔绝的裂缝,氮气瓶间内安全阀放散口泄漏的天然气的泄漏量约为 480 m^3/h,在氮气瓶间扩散达到一定压力后,经墙体的裂缝向增压站 MCC 控制间渗透后形成天然气聚集;二是当保洁人员打开 MCC 控制间门后,室内天然气经约 2 分 30 秒扰动,达到爆炸极限(浓度约为 9.5%),遇配电柜处点火源,发生爆燃。根据上述调查事实和分析结论,认定了事故的原因和性质。

(一)事故直接原因

防止天然气逆流的止回阀损坏失灵;太阳宫燃气热电有限公司发电部运行丙值巡检员黄某违章操作,在实施管线燃气置换作业后,未按要求关闭一次阀(截止阀)、二次阀(手动球阀),致使天然气逆流至氮气管线系统,在氮气瓶间放散,并通过墙体裂缝扩散至增压站 MCC 控制间,遇配电柜处点火源发生爆燃,是造成此次事故的直接原因。

(二)事故间接原因

太阳宫燃气热电有限公司安全管理存在漏洞,对本单位从业人员进行安全生产教育和培训不到位,致使作业人员未能熟练掌握氮气置换的操作规程;对燃气设施的日常巡查不到位,未能及时发现用于防止天然气逆流的止回阀失灵的情况;工作票制度管理流于形式,未能认真督促相关人员严格按照工作票制度要求到作业现场实施检查验收。

(三)事故性质

鉴于上述原因分析,根据国家有关法律法规的规定,事故调查组认定,该起事故是一起由于安全设施损坏和作业人员违章操作导致的生产安全责任事故。

四、对事故有关责任人员及责任单位的处理建议(略)

根据相关法律、法规和标准规定,调查组依据事故调查核实的情况和事故原因分析,对事故涉及的相关责任单位和责任人员给予相应处理。

五、事故防范和整改措施

该起事故给人民生命财产带来了巨大损失,社会负面影响严重,教训深刻。为防止类似事故再次发生,事故调查组结合调查的情况,针对事故中暴露的问题,对北京太阳宫燃气热电有限公司提出以下整改建议措施。

(1)组织专业力量对厂区内的生产环节进行安全预评价,针对生产各环节制订有针对性的安全措施。

(2)依照国家标准 GB 26164.1—2010 对公司的工作票管理标准重新修订,同时,举一反三对公司内部其他相关标准进行完善,完善《检修管理制度》,加强厂区内设备的日常巡护保养工作,定期对天然气系统和与其连接管道上的阀门进行严密性试验。

(3)进一步完善监护制度和加强企业安全培训教育,提高对现场作业人员的管理。

(来源:北京市安全生产监督管理局,发布时间:2016 年 6 月 5 日)

第3章 意外随时可能发生，应对很重要

意外是指意料之外、料想不到的事件，也指突如其来的、不好的事情。有人说，你永远不知道明天和意外哪一个先来。

面对燃气相关的突发意外事件，不仅燃气行业的人员要学会科学应对，一般民众也应该学会判断危险、自救互救，政府、消防、公安、行业管理等部门也需要依法依规，各司其职。

3.1
"巴黎天然气爆炸"，多部门各司其职，共同应对

法国"巴黎天然气爆炸"案中，在接到天然气可能泄漏的报警后，消防员及时到达事故现场，组织人员疏散并查找泄漏点的过程中，天然气发生爆炸；正在建筑物内工作的两名消防员牺牲。

1. 事件概况

2019 年 1 月 12 日早晨，巴黎市中心发生一起剧烈的天然气爆炸案，导致一条街道内许多住宅受损，2 名消防员牺牲、10 人重伤、30 余人轻伤的严重后果；事故现场烟火四起，一片狼藉。

据法新社等媒体报道，当天接近 09：00，在巴黎第九区离巴黎大歌剧院和老佛爷商场不远的特雷维斯街 6 号，有人闻到浓重的天然气味道并报警，随后消防员赶到，天然气公司、电力公司的人员也陆续抵达现场。

就在消防员开始组织该公寓楼内的居民撤出、同时检查天然气泄漏情况时，突然发生了剧烈爆炸，导致在大楼里的两名消防员不幸身亡。

爆炸完全摧毁了该公寓楼下的一个面包店，使街道两旁许多建筑的窗户破碎、街道边停放的汽车被掀翻，同时还引发了一场火灾，一些周围的人员、大楼里面还未撤出的人员也被炸伤或烧伤（图 3-1）。

图 3-1 巴黎天然气爆炸现场

2. 事件救援

事故发生后，200 余名消防员、几十名警察与天然气公司、电力公司人员紧急赶往现场，设置了一条安全警戒线，同时对受伤人员进行了紧急抢救（图3-2）。

图 3-2　巴黎天然气爆炸事件中的人员救治

巴黎急救中心出动了 3 架直升机在事故地点附近的歌剧院广场降停，连续运载伤员送往巴黎各大医院进行紧急救治。

巴黎第九区区政府专门设立了灾害受影响人员接待处，提供心理及保险索赔等咨询帮助：心理医生帮助人们平复情绪，其他相关人员为受害者的各种索赔提供咨询。

法国内政部部长当天上午抵达现场视察，并对媒体发表讲话。他证实：有关人员搜寻工作与灭火后续工作还在继续，已经排除了继发事故的可能性，当局随后将对该起事故展开调查。

3. 定性为意外事故

巴黎检察院表示：已经为此次事故立案，并委托当地司法警察大队对爆炸起因进行全面调查，警方技术人员已经抵达现场。

有媒体报道：当局确认，该事件与近期在巴黎发生的"黄背心"抗议活动无关，并且已经排除了恐怖袭击等原因，将按照事故原因进行调查。

据《巴黎人报》2019 年 1 月 12 日报道，法国每年会发生许多起这样的天然气爆炸与起火事故，其中 60% 是由于建筑外面的天然气罐或外接摊位引起，而建筑物内燃气管道漏气原因造成的事故则不太多。

这起事故我们没有看到后续的报道,但从现有的媒体信息中,我们仍然可以对突发事件发生后,相关单位如何各司其职,积极应对,努力降低事故损失、减少伤亡做些思考。

警示与思考

天然气中所加入的加臭剂,具有特殊的、难闻的警示性味道,可以在天然气泄漏到空气中时,使人们有所察觉。

对于一般民众,当你在空气中闻到天然气的味道,应立即报告并主动远离。

当天然气泄漏到空气中时,爆炸就随时可能发生,在救援处置中,所有人员都应保持必要的警觉。

民众应具有避险逃生意识,学习相关技能,在危险环境中应能快速疏散、撤离。

避险意识和能力可以通过安全教育、应急演练等方式加以培养。

发生严重的天然气泄漏时,除消防部门以外,燃气、电力等相关单位均应快速到达现场,配合查找泄漏点,并对各自管辖的市政设施进行有效控制。

燃气企业如果先行得到突发事件的报告,应视情况决定,是否需要通知其他部门或专业机构的人员到场,共同处置。

政府、医疗、公安、检察院等在突发事件的处置、善后、事故调查等方面,应各司其职,依法快速开展工作。

所有应急救援工作应以生命优先为原则,以减少事故损失、减轻事故后果为目的。

消防员虽然有优于普通民众的技能和防护装备,但在事故中仍然可能出现伤亡。

《北京市燃气管理条例》

第四条　城市管理部门主管本行政区域燃气管理工作，推动燃气事业发展，对燃气供应的安全生产工作和燃气供应质量实施监督管理。

应急管理部门负责对燃气供应和使用的安全生产工作实施综合监督管理。

市场监督管理部门负责对气瓶、燃气储罐、燃气罐车、燃气管道等压力容器、压力管道及安全附件安全和燃气质量实施监督管理。

消防救援机构负责对燃气场站、非居民用户的用气场所实施消防安全监督管理。

其他有关部门依照有关法律、行政法规和本条例的规定，在各自职责范围内负责有关燃气管理工作，对各自行业、领域燃气使用的安全生产工作实施监督管理。

第六条　各级人民政府、城市管理部门、城市管理综合执法部门和燃气供应企业应当加强燃气安全知识宣传和普及工作，增强社会公众的燃气安全意识，提高防范和应对燃气事故的能力。

广播、电视、报刊、互联网等媒体应当开展燃气使用安全公益性宣传。

4. 类似事件

①2004 年 3 月 7 日，俄罗斯首都莫斯科城南一座 14 层的公寓楼发生巨大爆炸，造成至少 8 间公寓被摧毁，两人受伤送医。莫斯科市长赶往爆炸现场，并发表讲话指出，有"99％的把握"证明此次爆炸是由一次天然气意外泄漏事故引起的。

②2014 年 8 月 1 日凌晨，台湾高雄市轻轨工地发生瓦斯外泄，引发多处连环爆炸。事故总伤亡人数近 300 人，22 人确定死亡，轻重伤 270 人。事发后，灾害现场由高雄市

消防局积极抢救;高雄市府成立灾害应变中心并紧急一级开设,市长坐镇指挥救灾;事故地点附近设立现场指挥中心、紧急医疗中心,实施道路交通管制;燃气公司关闭瓦斯供应;社会局急调社工及物资到场协助。

3.2

燃气灶连接软管意外脱落,快速响应,成功处置

这是一起居民家中无人,只有几只宠物狗,燃气灶连接软管意外脱落,造成室内燃气泄漏的突发事件。由于燃气公司、消防及社区物业等多家单位协同合作,处置得当,没有造成爆炸和伤亡的成功案例。

1. 事故摘要

时间	2017 年 2 月 3 日 18:21
地点	北京市海淀区某居民小区
事故类型	燃气管道泄漏
人员伤亡	无人员伤亡
财产损失	燃气泄漏
事故类别(性质)	意外破坏

2. 基本情况

2017 年 2 月 3 日 18:21,某燃气分公司接到报告:辖区内某居民楼 3 单元楼道内有较重的燃气味。

燃气分公司应急抢修人员到达现场后,核实发现:该居民楼一层某住户,家中无人,

门缝处检测天然气浓度,燃气浓度检测仪处于报警峰值,核实结果属高危警情。

根据以往入户检查记录,该居民用户户内燃气设备为民用双眼灶一台,燃气表为 2.5 m³/h 的普通民用计量表,该用户对燃气管道进行过改装。

现场透过厨房玻璃窗观察到:房间内有两只大狗,多只猫,居民家中无人,厨房通向其他房间的门未关闭,燃气表前阀门处于开启状态。

燃气分公司应急抢修人员判断:在无法核实燃气泄漏源头且无法关闭该单元供气总阀门的情况下,极易发生着火爆燃,遂依据应急规定,向公司及主管领导报告。

分公司调度室立即向上级调度中心和主管领导汇报,分公司领导立即宣布启动三级突发事件应急预案,并向现场抢险人员下达指令:

- 应急抢修人员立即向 110、119 报警,并请求对方组织群众疏散。

- 报警后立即协调居民小区物业、居委会对涉事区域进行断电处理,并协助联系房屋业主。

- 安排运行人员到场采取降压措施。

- 根据现场环境在保证作业人员安全的前提下对泄漏用户门前、窗前开展持续监测和人员驱散。

- 要求客户服务与运行主管领导到场处置,并加派人员对周边相邻燃气用户、闸井、管沟、排风、雨水通道进行全面检测。

任务指令通过微信、电话和电台三条渠道直接下达到作业人员、现场应急抢修人员与客户服务人员,接到指令后员工分工配合,立即有序开展应急处置程序:

- 10 分钟后切断现场电源。

- 15 分钟后警察与消防员到场,燃气公司配合疏散该楼居民。

- 30 分钟内燃气公司运行所调压人员到达指定调压站工作岗位,具备降压处置条件。

与此同时,消防员打开厨房窗户试图进入房间关闭燃气管道入户总阀门。但由于用户家中有大型犬类,无法实现关停操作。此时,燃气分公司客户服务所应急人员通过观察,冷静分析厨房情况,从窗外将该户表前阀门关闭,阻断了泄漏点燃气的输送。

燃气公司从接到报告,到现场根据实际情况开展应急处置工作,成功阻断燃气的泄漏,共耗时约 2 小时 30 分钟。

3. 燃气公司的处置情况

18:21 燃气分公司接到上级调度中心指令:辖区某居民楼 3 单元楼道内有燃气味,立即指派应急抢修人员到场核实情况并处置。

19:03 应急抢修人员到达现场后进行情况核实及检查,发现怀疑漏气的用户家中无人;在门缝处用手持燃气浓度检测仪检测燃气浓度,仪表显示燃气浓度达到 100%;无人维护现场。

19:21 燃气分公司调度室指令现场启动三级应急响应:报警、断电,通知物业及社区,协助疏散住户,做好降压准备。

19:31 应急抢修人员报告已经做好断电处置。

19:40 运行所上报,查明该居民楼上游气源调压站。

19:47 配合 110、119,完成楼内人员的疏散。

20:05 运行所上报已做好降压准备。

20:17 客服所上报:在消防员将涉事居民厨房窗户玻璃打破后,应急抢修人员已从窗外关闭燃气表前阀门,漏气声停止;正在持续检测,等待户内燃气浓度降低。

20:56 客服所报告:户主到场后,应急抢修人员已经入户对燃气表前阀门处进行封堵。

21:20 客服所报告:室内已无燃气浓度,应急处置结束。

4. 事件分析总结

应急处置结束后经现场勘查,造成此次燃气泄漏的主要原因是:该居民家中没有安装灶台,燃气灶具直接放置在地面上;有可能是宠物狗在家中无人时将燃气灶具打翻,造成胶管与灶具连接部位脱落,导致燃气泄漏(图 3-3)。

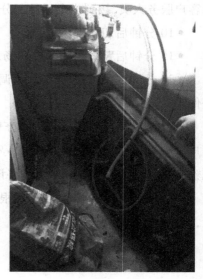

图 3-3 居民家中燃气灶的连接软管脱落

此次应急处置工作高效及时，组织协调有序，具体表现在：

- 领导有力：各单位主管领导及时到场进行现场管控，提高了现场处置的效率。

- 沟通及时，反应迅速：应急处置人员和其他单位人员及时到达现场进行处置，利用微信平台及时上报信息。

- 准确定位，排查全面：9 号楼 3 单元 1 层东侧门内检测出燃气浓度，及时对 2 单元、4 单元以及楼门口闸井进行排查，明确漏气位置。

- 结合实际情况应急处置措施科学、及时、得当：及时报 110、119，提出楼内人员疏散要求，并配合相关单位完成人员疏散；在调度中心发布降压准备指令后，30 分钟内运行调压人员到达指定调压站，保证随时可以进行降压处置。

- 在应急处置中，明确了各自的职责，实战演练了多方配合、科学处置及信息报告；锻炼了队伍，为应对用户突发事件积累了经验。

- 决策正确：燃气公司与公安、消防、物业及居委会等部门协调，各司其职，完成法律规定的任务。

- 领导及员工均应明确：燃气企业在此类事件中的主要职责是对燃气设施进行有效控制。

3.3
室内外同时泄漏，严谨排查事故真凶

这是一起居民住宅楼内发生的燃气爆燃事故，造成了 6 人死亡的严重后果。事故的特点是：在居民建筑物内发生燃气爆炸时，建筑物临近的室外燃气管道也有泄漏；爆炸发生后，室外燃气管道上方有持续燃烧的火焰；在燃气公司关闭室外管道上游阀门后，管道上方火苗变小、熄灭。

在爆炸发生前，属地燃气公司在日常巡检时发现室外燃气管道有泄漏，随后安排维修修复，当燃气爆炸发生后，室外损坏修复过的燃气管道上方着火。事故究竟是室外燃气管道泄漏，扩散到室内并引起爆炸，还是室内发生了燃气泄漏成为焦点；室外燃气管道的维修过程是否符合规定要求,维修结果是否合格也是相关部门及社会媒体非常关注的。

1. 事故摘要

时间	2011 年 4 月 11 日 08:29
地点	某居民区 3 号楼
事故类型	燃气泄漏、爆燃、火灾
人员伤亡	6 人死亡、1 人受伤
财产损失	5 单元 6 户房屋整体坍塌
	4 单元和 6 单元局部房屋严重受损
事故类别(性质)	非责任事故

2. 基本情况

2011 年 4 月 11 日 08:29,某居民区 3 号楼 5 单元首层发生爆燃,冲击波造成 5 单元整体坍塌(图 3-4);楼内 5 名居民被坍塌物埋压并死亡,1 名过路的人(在 3 号楼与 4 号楼之间)被爆炸飞出的投射物击中头部致死;3 号楼 4 单元二层一居民受伤,爆燃发生后从坍塌的建筑中自行走出。爆燃产生的火焰将 5 单元及 4 单元部分房间内的可燃物,以及 5 单元北侧花坛处从地下燃气管线泄漏出的天然气引燃(图 3-5)。

图 3-4　燃气泄漏爆燃,造成居民建筑坍塌

图 3-5　室内发生爆燃后,爆炸物引燃室外
地下燃气管道上方的杂草

3.应急处置情况

燃气爆燃事故发生后,各部门接到报警,及时到达现场,按照各自职责开展应急救援及处置工作,其中:

• 公安部门:负责周边警戒、现场勘查、相关人员问询;根据物证,排除爆炸物爆炸,排除自杀、他杀等刑事案件嫌疑,根据人员伤亡情况推断爆燃点等。

• 消防部门:接到报告后迅速到达事故现场,灭火、寻找遇难者和幸存人员;共出动7支消防中队,42辆消防车,200余名消防员,进行了12小时不间断的搜救;现场采取边清理、边搜救的方法,用人抬、手挖等方法确保不放过任何一个角落,不损坏每一具遗体;消防车待命,保证现场不发生二次爆炸等次生灾害。

• 政府部门:安置受事故影响的人员,协助事故调查及后续处置。

• 燃气行业主管部门:对燃气供应企业实施监管,并部署全市进行燃气安全使用大检查。

• 安全生产监督管理部门:主持事故调查工作,完成事故报告,确认各方责任等。

• 燃气集团:实施现场气源控制;切断坍塌建筑物燃气气源;3号楼北侧破损燃气管道降压控制;根据事故调查组要求,开挖3号楼北侧破损燃气管道;提供燃气管线图档及运行、维修记录资料等;相关人员接受问询。

4. 建筑物及燃气管线情况

1) 建筑物情况

居民区 3 号楼建于 1958 年,1960 年交付使用,建筑面积为 1 829.7 m²。房屋平面呈"凹"字形布局,主楼为 3 层结构,两翼部分为 2 层结构。

该楼采用横墙承重体系,砖砌条形基础,主体结构承重墙体采用实心黏土红机砖和混合砂浆砌筑,承重墙厚 240 mm,楼屋盖板均为小梁砖拱结构。

1978 年该居民楼曾进行楼体抗震加固。

该楼产权单位为两家,楼内共有 40 套单元房,居住 42 户居民。

2) 楼外燃气管道情况

楼体东侧有燃气中压管道(PE 管)一根,事故前后该管线一直正常运行,与本次事故无关。

涉事居民楼所使用的燃气来源于南侧庭院管线,事故后各单元引入口阀门关闭,庭院管线未发现泄漏、破坏。

楼体北侧地下有 4 条平行于楼体的燃气管线,由北向南依次为:第一根为低压管线,2003 年 10 月投入使用,主要为周边楼内居民用户供气;第二根为发生泄漏的 DN200 中压管线,1991 年 5 月投入使用,与事故楼体北墙外侧水平距离为 5.8 m,埋深 2.25 m,主要为附近某单位食堂和浴室供气;第三根为 DN200 的中压管线,建于 1963—1965 年,与事故楼体北墙外侧水平距离约为 3 m,埋深 2.39 m,与附近调压箱连接;第四根位于最南侧,为 DN400 的低压管线,与事故楼体外墙水平距离约 3 m,埋深 2.09 m,该管线已经于 2003 年 10 月 11 日废弃。居民楼北侧四根燃气管线均不进入居民楼。

5. 事故前事件

1)居民楼北侧 DN200 中压燃气管线发现漏气,维抢修发现是腐蚀穿孔,进行了修复

● 发现管道漏气并上报。2011 年 4 月 1 日,属地燃气分公司运行所巡检人员在对该居民楼北侧中压管线进行日常巡检中,使用 HS680 气体分析仪在地面进行打孔(孔直径 1.5 cm、孔深约 65 cm)检测,燃气管线周边土体内可燃气体浓度为 1%,遂将情况上报分公司,并对该段管线加强了监测。

● 漏气量增加,确定维修。4 月 9 日 09:00,运行所巡检人员发现,土体内部的可燃气体检测浓度为 3%;当日下午,运行所职工在该楼旁边闻到有天然气气味后,通知检测人员到现场持续检测;15:00,燃气管线周边土体内可燃气体检测浓度达到 20% ~23%,检测人员随即将情况上报分公司;燃气分公司提出管道维修计划。

● 现场维抢修。4 月 9 日 18:00,分公司成立现场抢修指挥部,组织开展抢修工作。到达现场后,分公司工程所划定泄漏开挖区域后,交由燃气抢修工程公司实施管线开挖。22:40,现场指挥人员调用挖掘机,开始实施挖掘作业,在开挖了长 3.5 m、宽 3.5 m、深 3 m 的工作坑后,确认废弃管线北侧的 DN200 中压燃气管线泄漏。经刷漏检测,在该管线下方发现一处漏点,判断为腐蚀穿孔。作业人员使用木楔子将该漏点进行临时封堵并做焊接修补,至 4 月 10 日 00:30 修复完成,回填工作坑后抢修车辆及人员离开,现场抢修结束。

2)小区内多人反映闻到燃气味

从 4 月 1 日属地燃气分公司运行所巡检人员发现地下燃气管道有泄漏,到 4 月 10 日凌晨修复完成,3 号楼附近的居民多人反映,小区内一直能够闻到燃气的味道。

4 月 11 日早上居民楼发生燃气爆燃后,附近居民联想到之前的燃气味道,均认为是维修过的地下燃气管道泄漏造成了燃气爆燃。

6. 调查、勘查及分析、试验

事故发生后,由多个部门联合组成事故调查组,进行事故原因调查、现场勘查、分析、试验及事实认定。

1) 确认导致居民楼坍塌的是天然气爆燃事故

根据爆炸现场建筑物的损毁程度、人员伤亡检验结果等情况,事故调查组确认,本次事故符合气体爆炸的特点;根据居民楼内可能参与爆炸燃烧的物质推断为燃气爆燃。

根据爆炸物投射痕迹等推断,爆燃发生在3号楼5单元首层2号房间,爆燃点在距室内地面1.5~2 m高处的半空中。

事故现场未发现爆炸物残留,未发现人员自杀或他杀等可疑痕迹;经走访摸排,排除了刑事案件的可能。

2) 抢修过的燃气管道情况

室内燃气爆燃时,3号楼北侧花坛地表的杂草被点燃,并持续小火燃烧;直到燃气分公司人员到场降压后,花坛处小火才渐渐熄灭;怀疑4月9日晚进行抢修过的3号楼北侧地下燃气管线在爆燃事故发生时仍存在燃气泄漏。

事故调查组要求燃气公司配合,将3号楼北侧地下燃气管线已抢修过的部位及周边进行开挖勘验,证实:燃气管线抢修时发现的一个腐蚀孔洞已经进行了焊接修补,该部位封堵完好,但剥开燃气管道防腐层后发现,在发现并修复的腐蚀孔洞附近,还有2个泄漏孔洞。

图3-6 事故后挖出的室外地下燃气管道上有多处腐蚀穿孔

对修复过的地下燃气管道,截取分析、鉴定:以泄漏点为中心,共截取1.5 m长的燃气管道,并提取管线周围土壤,对管道上的腐蚀点形成原因等进行鉴定和综合分析。确认截取的管线上共有6处腐蚀点,均为周围土壤长期腐蚀形成,其中有2处已穿孔,其中最大的一处外腐蚀坑外径为50 mm,面积约1.5 cm²,泄漏点为2个形状不规则且相互连通的小孔,当量直径为

$1 \sim 2$ mm(图 3-6)。

根据腐蚀穿孔大小和管道运行压力等,对泄漏管线的燃气泄漏量进行计算:在不考虑土体和防腐层覆盖两种因素影响的情况下,天然气的泄漏速率最大值为 8.34 m^3/h。

3）室外泄漏燃气进入建筑物的渠道与燃气量

从居民楼北侧地下燃气管道发现泄漏,到居民楼一层室内燃气爆燃,10 余天的时间里,室外泄漏的燃气能否通过土体或管沟、孔洞等进入居民楼并在室内聚集,形成爆炸性混合气体呢？ 这是确定爆炸气体来源的关键点。

事故调查组委托某勘察设计单位查阅 3 号楼周边地下管线基础资料,并对该楼周边区域地下管线和土体空洞的情况进行全面的综合探测。结论是:居民楼北侧和东侧的现有市政管线,均与楼体近似于平行铺设,未发现 3 号楼北侧泄漏的燃气管线位置附近及深度范围内存在土体空洞和天然气直接进入楼体内部的地下通道。

5 单元楼梯间北侧散水上方裸露在外的一根白色 PVC 管直径为 100 mm、长度为 3.03 m 的盲管,埋于 5 单元楼梯间地下,并未进入 5 单元 1 号、2 号室内,通过开挖验证,这根管道不能成为室外地下泄漏的燃气进入楼体的通道。

事故调查组委托某测试中心对泄漏中压管线周边地下土体进行布点打孔、选取土样,对天然气残余物质进行检测分析:3 号楼 5 单元北侧室外地下土壤中检测到天然气浓度及其特征组分,随着与泄漏点距离的增大,地下土壤中天然气特征组分含量逐渐减小;对土壤中天然气加臭剂浓度的检测显示:从 3 号楼北侧燃气管道至建筑物地表下,土壤中加臭剂浓度衰减明显。基本结论是:室外燃气管道泄漏的天然气,通过土体及管道、孔洞进入建筑物内并达到爆炸浓度的可能性小。

3 号楼体下方有一条暖气管沟。该管沟东侧起于 5 单元 2 号厨房,西侧止于 2 单元。事故发生后,5 单元 2 号厨房下方暖气管沟盖板被冲击波由上至下压入沟内,2、3 单元楼梯间暖气管沟盖板及 4 单元房间地面向上翻起,存在卸压情况。爆炸后在该管沟内未检出天然气特征组分及加臭剂成分,管沟内未见过火痕迹,基本排除了该管沟有燃气通过的可能。

事故调查组委托某国家重点实验室,结合事故发生前的当地气象气候资料和小区内建筑布局,就发生事故的 3 号楼北侧地下管道天然气泄漏情况进行数值模拟。经模拟,在管线泄漏速率为最大值的情况下,室外泄漏的天然气由地下向上扩散被稀释,在空气中不会形成可持续存在的大面积、高浓度的燃气云团,室外地下管线泄漏的天然气不能通过空气扩散进入室内并形成聚集导致爆燃。

事故调查专家组综合分析论证确认:排除 3 号楼北侧地下中压管线泄漏的天然气通过土体进入室内的可能;3 号楼 5 单元室外泄漏的天然气通过空气流动,经门窗进入室内并聚集形成爆炸性气体的可能性极小。

4) 室内燃气泄漏的可能性分析

根据以往的用户巡检记录和事后调查情况,综合分析:

该居民楼 5 单元 1 号为租住户,偶尔在此居住,平时不在家中做饭。该单元内的燃气灶具 2009 年装修时进行过更新,此外,室内无其他燃气用具。

居民楼 5 单元 2 号厨房内北侧有一台使用 40 余年的 64 型铸铁燃气灶具,使用年限早已超过国家标准(按照国家标准规定燃气灶具使用 8 年后应当更换)。此外,室内无其他燃气用具。

爆炸事故后,为寻找证据,事故调查组组织人员对现场的物品进行分拣、留存;将分拣出的 5 单元燃气表的读数与燃气公司原始记录中各户燃气用量比对后确认:5 单元 1 号及 2 号室内的燃气表因损毁严重无法复原读数,其他燃气表读数未发现异常,就是说,没能够通过燃气表的读数发现大量漏气的用户。

通过对现场分拣出的燃气用具、可能的户内燃气管件等进行比对和勘验,燃气用具和户内燃气管线损毁严重,未能找到户内确切燃气泄漏点的确实证据。

推断爆炸点所在位置的 5 单元 2 号,存在室内燃气管道或设施漏气的可能。

室内可疑泄漏点如图 3-7—图 3-9 所示。

图 3-7　损毁的燃气热水器:接管处缠有生料带,
不符合燃气热水器的安装要求

图 3-8　这是一段烧灼过的橡胶管,不确定是否
用于燃具连接用;根据管道尺寸及材质,为非燃
气专用胶管,且比燃气灶具接管管径大;而燃气
热水器不得使用胶管连接

图 3-9　超过使用年限的铸铁燃气灶,其接管处未见
可靠连接,不能确定是否为在用的燃气灶具

5) 点火源

当建筑物室内可能存在燃气泄漏时,引发爆燃的点火源会是什么呢?

室内存在的可能点火源包括:燃气灶及热水器点火开关、电源开关、冰箱等电器设备启动等。

由于该起事故发生后造成了建筑物倒塌、现场大面积过火、室内设备设施严重损毁，加上在灭火和搜救人员过程中，动用了挖掘机械，现场已经无法找到和确定明确的点火源。

6）其他情况

楼体倒塌损毁严重的原因：经鉴定，发生事故的 3 号楼由于建造年代早、建设标准低，房屋外窗尺寸较小，爆炸产生的冲击波不能有效泄压，对房屋墙体及楼、屋盖板产生较大的破坏作用。该房屋的楼、屋盖板均为小梁砖拱结构，只能承受向下的载荷，冲击波向上作用使只能承受压力的砖拱内部产生拉力，致使楼屋盖板被冲塌；墙体因厚度较小、平面外刚度较差，当爆炸当量较大时易发生外鼓甚至倾覆。

依据气体爆炸模型进行数值模拟分析：5 单元 2 号北侧两个房间及厨房充满浓度约为 9.5% 的天然气后，被点火源引燃，发生爆燃的结果与事故现场的实际损毁情况最为吻合；根据房间面积及高度推算，参与爆炸的天然气量约为 $5.4\ m^3$。

就燃气公司维修人员对管道的维修处置是否符合规定要求，室外燃气管道维修过程及修复效果的评判标准、作业记录是否符合相关规定进行调查取证。

7. 事故原因

在排除室外泄漏天然气进入室内，并聚集形成爆炸性气体，导致爆燃的可能性后，事故调查组对该起事故做出认定：

● 3 号居民楼 5 单元 2 号室内泄漏的天然气达到爆炸极限后，被不明点火源引燃并发生爆燃。

● 鉴于现场爆燃后，室内燃气泄漏及点火源的相关直接证据均被严重破坏，不能排除 5 单元 2 号室内燃气设施泄漏或使用不当造成天然气泄漏的可能性。

涉事单位及居民对事故调查组上述结论没有提出异议。

8. 事件特殊问题

● 在建筑物内发生燃气爆燃时，建筑物外临近的地下燃气管道同时存在泄漏现象，因此,需要重点排查、确认引起爆燃的燃气来源与燃气量。

● 当直接证据被严重破坏时,应采取科学有效的方法,由有资质的专业机构或人员,通过勘查、试验、模拟、分析,还原事故真相,做出科学合理的推断。

事故调查结果应合理可靠。

9.建议意见

● 燃气公司入户检查时,对超过规定使用年限的燃具,应书面告知用户及时更换;对其他危及燃气使用安全的行为或现象,应讲清楚危险后果及危害,提出明确的整改意见,并要求用户签字确认;如果可能,应与用户商定整改期限,约定检查整改效果的时间和标准。

● 科学规范燃气管线抢修、维修作业的合格标准、操作要求及记录,保证抢修后的管道设备能够正常运行。

● 改进维修效果评判标准的可操作性,对维修、抢修的管道及设备明确修复合格的、科学的质量评判标准。

● 应研究探讨遇到金属管道腐蚀穿孔时,是否需要扩大检查范围。修补破损点后,做哪些测试、检查才能证明修复合格。

● 科学应对事故调查:燃气公司应及时、可靠留存运行、维护、维修记录及其他相关证据,在事件发生时,配合自查与调查。

● 燃气行业应利用媒体做好正面宣传:事故涉及燃气公司时,应能够引导媒体做正面报道;利用已经发生的事故或事件资料,对员工及一般民众进行燃气安全的警示教育。

《北京市燃气管理条例》

第二十三条　燃气供应企业应当建立健全用户服务制度,规范服务行为,并遵守下列规定:

(一)与用户签订供用气合同,明确双方的权利与义务;

(二)建立健全用户服务信息系统,完善用户服务档案;

......

（五）定期对用户的用气场所、燃气设施和用气设备免费进行入户安全检查，作好安全检查记录；发现存在安全隐患的，书面告知用户进行整改；

......

（七）对供应范围内的燃气用户进行技术指导和技术服务。

3.4

软管被啃咬，燃气泄漏爆炸致人员伤亡

　　这起居民用户的燃气爆炸事件的特殊点在于：用户在事故发生前的几个月刚刚更换了新的、合格的燃气灶具，灶具连接软管是厂家配送的、符合燃气行业标准要求的橡胶软管，但软管被老鼠咬坏了，泄漏的燃气被意外引爆。

　　使用合格的灶具及软管也会发生意外事故，燃气行业的标准中该不该继续将橡胶软管作为"合格"的产品，值得行业相关单位进行深入研究和探讨。

　　另外，第一时间到达现场的各方人员，在事故的现场没有看到明显的过火痕迹，这起事故究竟是不是燃气爆炸一时很难界定。直到事故调查组专家到达现场后，在厨房外侧过道的屋顶附近找到灼烧过的塑料和织物，加上找到了被鼠咬坏的燃气灶具橡胶软管，并请动物专家进行确认，才最终找到事故的真正原因。

1.事故摘要

时间	2014 年 8 月 29 日 05:30
地点	某居民小区 12 号楼 1 单元 101 室

事故类型	燃气泄漏、爆炸
人员伤亡	2 人死亡、8 人受伤
财产损失	事故单元部分楼板坍塌
事故类别(性质)	非责任事故

2. 基本情况

2014 年 8 月 29 日 05：42，119 指挥中心接到报警：某居民小区 12 号楼 1 单元 101 室发生爆炸事故，造成该单元 1 层外墙体损毁严重，101 室局部二、三层楼板坍塌，101 室被坍塌坠落物大面积掩埋，1 层 102、103 室房屋结构及室内物品受损，周围及马路对面楼宇的玻璃爆碎，楼外停放车辆受损严重。事故对 80 余户居民用户造成影响，附近居民称爆炸时震感非常大，地都在晃。

爆炸发生后，消防等多部门迅速到场，按照各自职责，开展救援、处置；随后有关部门成立了联合事故调查组，开展调查。

3. 各部门应急处置情况

- 属地燃气公司：切断事故建筑物的燃气气源；排查楼内其他用户隐患并处理；后期确认安全后恢复供气等。
- 消防部门：8 月 29 日 05：42，119 指挥中心接到报警后，立即调派力量到场处置。08：10，消防员从现场搜救出一名伤者。由急救中心现场抢救并送往医院，经抢救无效死亡。
- 政府部门：安置受事故影响的人员，协助事故处置。
- 安全生产监督管理部门：主持事故调查工作，封存及鉴定相关物证，得出事故调查结论。

4. 事故前事件

发生爆炸的 1 单元 101 室住户，在数月前刚刚更换了新的燃气灶具及连接软管，灶具及连接软管为当地市场销售的、符合国家质量标准的产品(图3-10)。

图3-10　1单元101室厨房燃气灶具，
为市场上销售的合格产品，程度较新

属地燃气公司依据行业标准和公司规定，在2014年3月对该居民楼用户实施了"每2年检查不得少于1次"的入户巡检，有居民用户巡检记录，在对1单元101室巡检时，两次敲门无人应答，未能入户巡检。

2013年8月、10月，属地燃气公司在该小区所属街道举办过燃气安全讲座，分别就燃气法律法规、安全用气常识、燃气事故案例等内容对居民用户进行宣传教育。

5.现场调查、勘查认定

发生爆炸的居民楼1单元1层房屋损毁严重，经房屋安全鉴定机构鉴定：该楼处于C级房屋状态，局部出现险情，构成局部危房。

1单元101室厨房内废墟上发现一具燃气灶，右侧点火开关处于开启状态，左侧点火开关处在关闭状态，连接灶具的燃气专用软管处有破损痕迹。该燃气灶具外观干净，程度较新，事故中已经造成损坏；灶具连接软管干净、无油污，软管上印刷的厂家标识字体清晰，软管上有约15 cm长的不规则破损，局部有穿透孔洞。

经动物专家鉴定，软管破损形态基本符合啮齿类动物啃咬特征(图3-11)。

事故调查专家组意见：根据软管破损情况、房屋结构状况，利用小孔模型公式估算燃气泄漏量，确认灶前软管破损处为燃气泄漏点，该泄漏点的泄漏量足以引起此次爆炸事故；燃气泄漏达到爆炸极限后遇点火源引发爆炸。

点火源：由于事故现场爆炸破坏严重，无法确定明确的点火源。1单元101室的燃气灶具两个点火开关中一个处于开启状态，不排除用户在打开燃气灶具时引爆泄漏的燃气。

图 3-11　软管上有明显啃咬痕迹,有不少于 3 处穿透孔洞

特别提示

《城镇燃气设计规范》(GB 50028—2006)规定:燃具的连接可以使用燃气专用胶管,建议用户每 1～2 年更换一次连接软管。

《城镇燃气设施运行、维护和抢修安全技术规程》(CJJ 51—2016)规定:对居民用户每 2 年检查不得少于 1 次。

6. 事故原因

事故调查组根据现场勘验及试验、分析、鉴定,认为:

• 居民楼 1 单元 101 室的燃气灶前软管被啮齿类动物啃咬形成破损,软管破损处泄漏的天然气在室内聚积达到爆炸浓度,遇点火源引发爆炸。

• 鉴于事发后事主在厨房内被发现时已身亡,且现场燃气灶具的两个点火开关分别处于一开一关状态,故不排除事主使用燃气灶具点火时引发爆炸的可能。

7.事件特殊问题

• 事故调查专家组现场勘查发现:这次爆炸与以往的建筑物内燃气爆燃现场不同,涉及的房屋内墙壁及物品比较干净,未见明显的过火痕迹,不能确定为燃气爆燃事故(图3-12)。

• 结合爆炸点附近房屋用途,初始怀疑是爆炸房间隔壁的塑钢窗加工门市内有压力气瓶爆炸,但在现场未发现金属压力容器或其他爆炸物碎片。

• 事故调查重点是查看与燃气相关的管道及设备,寻找是否有燃气泄漏点、点火源和燃气爆燃痕迹:在确认燃气灶具连接软管有破损后,调查组在爆炸的1单元101室厨房外过道墙壁处,找到一根金属管道上包裹的物品(塑料＋织物)有明显的烧灼痕迹,由此确认,在室内发生爆炸的瞬间有着火现象,结合软管破损和建筑物破坏情况推断,该起事故符合燃气泄漏发生爆燃的特点(图3-13)。

图3-12　1单元101室事故现场照片 　　图3-13　发生爆炸的厨房外过道上,金属管道外包覆的
　　　　　　　　　　　　　　　　　　　　　　织物及塑料,有被灼烧的过火痕迹

特别提示

即使在繁华的闹市区,居民楼中仍然可能有老鼠。

据动物专家介绍,老鼠把燃气灶连接软管啃咬成事故状态,大约只需要20分钟。而20分钟就可以造成的破坏，不是燃气"定期入户检查"就能够防范的。

燃气中添加的加臭剂，具有警示性的味道，可以在燃气泄漏到空气中时使人察觉，但仍然会有未被感知的情况。

燃气用户在使用燃具前应对燃具或环境味道异常保持必要的警觉。

建议与意见

应加强宣传教育工作，提高用户的安全意识，使用户了解和掌握燃气安全使用、发现隐患的相关知识。

发挥基层群众组织和社区的作用：建议燃气供应企业在社区内培训部分兼职燃气安全员或志愿者，指导社区居民正确使用燃气，及时发现并消除隐患。

应尽可能利用技术手段，保障用气本质安全，防范事故发生：建议燃具连接管采用金属软管或不易被老鼠等动物啃咬破坏的其他软管；积极研发和推广使用民用燃气泄漏报警和自动切断保护装置。

探索燃气安全适用的用户保险制度：由政府政策扶持、保险公司让利、燃气企业资助、用户个人购买燃气安全使用保险，在发生事故时可以风险分担，使受影响人员获得一定的经济补偿。

事故后续——"亡羊而补牢，未为迟也"

据当地政府网站报道：

从2016年9月中旬开始，街道综治办联合相关企业，入户为辖区内近1 600户的空巢、失独老人，行动不便的残疾人以及生活困难的居民家庭免费安装燃气自闭阀和燃气报警器，并将灶具上的燃气软管进行更换，防止居民因疏忽或者行动不便等原因产生生活用气安全隐患，造成不必要的损失。

特别提示

装有燃气表、燃气灶和燃气管等燃气设备、设施的房间或厨房不能作为卧室和休息室。

在使用燃气时，不要长时间离开，应随时注意燃烧情况，调节火焰。

在燃气表、燃气灶、热水器等燃气设施的周围不要堆放废纸、塑料制品、干柴、汽油、竹篮等容易燃烧的物品或杂物。

严禁用明火查漏。

事故资料收集过程中拍摄照片用于留存

图 3-14、图 3-15 是本次居民楼爆炸事故后媒体上发布的照片，这些照片可以用作相关事件的新闻报道，但通常不能使专业技术人员和事故调查人员了解事故的技术原因。

燃气行业技术与安全管理人员、事故调查人员，在事故现场拍摄照片或录像时，应注重能够显示事故特征、便于查找和确定事故原因、留存证据的内容。

图 3-14　媒体报道事故照片 1

图 3-15　媒体报道事故照片 2

第4章 施工破坏，后果严重

随着城镇燃气工程建设的速度和规模日益扩大,各种压力级制的燃气管网遍布城镇。随之而来的燃气管道安全问题也越来越受到重视。第三方施工建设中导致燃气管道破坏泄漏事故屡屡发生,不仅造成人员伤亡和财产损失,还对社会安全带来严重的负面影响。

当发生施工破坏时,燃气公司如何科学应对、快速处置一直是燃气行业关注的问题。

4.1

小区内市政设施改造施工,挖坏燃气管道导致爆炸

这是一起第三方市政设施施工破坏造成居民小区内燃气 PE 管道挖断,最终导致燃气爆燃的典型事件,事件造成 1 人死亡,居民建筑物及市政设施施工的工作坑附近着火。

燃气公司通过这次事件需要总结、反思如何有效地防范第三方施工破坏? 现有的管理手段与措施如何切实落实? PE 管的抢修技术方案及携带工具应做怎样的要求? 在处置燃气突发事件的过程中,燃气公司员工的主要职责是什么? 消防、公安、政府相

关部门应怎样各司其职,配合应对突发事件?

只有当燃气公司的抢修人员明确自身职责,与相关部门有效配合时,才能科学应对突发事件,并取得良好的处置效果。

1. 事故摘要

时间	2016 年 4 月 10 日 13:23
地点	某居民小区
事故类型	燃气管道泄漏、爆炸
人员伤亡	1 人死亡、2 人轻伤
财产损失	燃气泄漏、居民建筑物受损
事故类别(性质)	第三方施工单位违章指挥、安全措施不到位造成的一般生产安全责任事故(区安监局结论)

2. 基本情况

2016 年 4 月 10 日 13:23,某市 119 指挥中心接到报警:某居民小区燃气管道发生泄漏,导致附近居民楼发生火灾和爆炸事故(图 4-1)。消防部门迅速出动 5 个消防中队、22 辆消防车进行扑救。

图 4-1 居民楼发生燃气爆燃

爆炸发生时,市政设施施工破坏的室外燃气管道也被引燃,至16:10,室内外明火才完全熄灭(图4-2)。消防员进入起火楼内清理现场。整个过程中,消防员从现场共救出8名被困人员,疏散160余人。火灾造成1人死亡、2人轻伤。

图4-2 事故造成居民楼受损

消防部门称:火灾过火面积约300 m²,事发原因系小区内市政设施改造施工中挖断燃气管道,造成燃气泄漏,泄漏的燃气进入施工工地近旁的5号居民楼一层,遇明火引发爆燃。

事故发生后,区委区政府在及时上报事故情况的同时,会同市、区公安、消防、燃气等相关专业部门立即赶赴现场处置。现场成立了应急抢险指挥部,并紧急疏散了小区居民进行妥善安置。应急抢险结束后,指挥部全面展开水、电、气、通信的恢复抢修,并做好居民的安抚和受损房屋的维修、鉴定等善后工作。

3. 事故前事件

事发前,该居民小区正在进行老旧小区综合整治项目改造工程,小区内设有大量施工围挡,多处地点在同时进行施工。

事发前施工单位曾联系属地燃气公司,协商施工配合,并签署了"施工配合单"。

"施工配合单"是燃气企业为保护燃气管道设施,提前编制的、关于燃气管道附近开挖施工要求的协议文件,其中明确规定:燃气公司指定施工配合人员,定期到工地巡视;在燃气管道保护范围内,不得进行机械挖掘;遇有突发情况时,及时通知燃气公司的联系人员并拨打119、110等紧急情况报警电话。

燃气公司施工配合人员与施工单位技术负责人就施工点附近的燃气管道走向、位置进行口头交底;在工作日,燃气公司施工配合人员按照"施工配合单"的约定,到工地进行巡视等施工配合。

　　事发当日为法定休息日,施工方使用挖掘机械进行污水管道改造施工,意外将天然气管道(中压 PE 管、外径 63 mm)挖坏。

4. 燃气公司处置情况

　　2016 年 4 月 10 日(周日),燃气公司人员没有到现场巡视、监护。

　　08:30　施工单位人员在未正确确定地下燃气管道位置的情况下,违章使用挖掘机开挖污水管沟。

　　10:56　挖掘机挖到燃气管道,现场施工人员称:并未看到燃气管道被破坏,只看见管沟中的土壤下有气体冒出,并闻到燃气味。

　　10:57　项目施工人员打电话通知燃气公司指定的施工配合人员,告知燃气管道可能被破坏,有煤气味,随后在现场采取用土掩埋的方式应急,并留专人看守。燃气公司施工配合人员接到电话后,简单询问了情况,即从家里出发赶往施工现场,同时将信息上报给班组负责人。

　　11:02　燃气分公司运行所接到报告,派人员前往施工现场。

　　11:04　项目施工人员再次打电话给燃气公司施工配合人员,希望燃气公司尽快到场进行维修。

　　11:26　施工方其他人员再次给燃气公司施工配合人员打电话,要求燃气公司维修。

　　11:50　燃气公司施工配合人员和分公司指定急修人员先后到达现场。燃气公司人员到场后指挥施工方开挖工作坑,查看燃气管道破损情况,随后确认小区内 PE 管燃气管道已经被第三方机械挖掘机破坏,报请燃气公司的专业抢修队进行维修。燃气公司现场人员对破损的燃气管道采取胶带包裹管道裂口、填土覆盖再浇水的方式应急,并提醒近旁居民楼内居民关闭门窗。

　　12:10　燃气分公司领导通知调度室调派 PE 管专业急修人员赶赴现场。

　　12:25　燃气集团调度中心向该市突发公共设施应急指挥部报告情况。

　　12:44　区市政管理部门接到通报,立即安排人员赶赴现场处置。

　　13:10　燃气分公司专业急修人员到达现场,立即对泄漏部位周边燃气浓度进行检测,同时疏散施工围挡周边的群众。

● 13:15 燃气分公司领导到达现场后发现,泄漏点附近燃气浓度较高,下令停止开挖工作坑,所有人员立即撤离现场,6 名施工人员随即撤离。

● 13:22 现场人员刚刚撤离,工作坑近旁的 5 号居民楼 1、2 单元一层发生爆燃,建筑物内起火;同时,室外燃气管道破损处泄漏的燃气被引燃着火。

从发生泄漏到燃气爆燃,该小区居民拨打了燃气公司对外公布的报警电话,燃气公司接警后立即给属地公司下达了任务单;属地公司亦启动应急程序参与处置。

5. 已认定的事实

1) 爆燃气体来源

● 施工单位在进行居民小区内市政管道改造中,在燃气管道附近违反规定,使用挖掘机将地下天然气管道挖坏,导致天然气泄漏。

● 被破坏的天然气管道为中压管道,管材为 PE 管,管道管径为 63 mm,工作压力为 0.08 MPa。

2) 点火源

● 泄漏的燃气扩散后,在施工地点近旁的 5 号楼一层居民建筑内被点燃,点火源疑为冰箱启动火花。

3) 事故原因

● 小区在进行节能保温工程改造中,施工方在进行污水管道挖掘时,在燃气管道安全保护范围内违法采用挖掘机作业,造成天然气管道破坏,导致燃气泄漏。

● 泄漏的天然气进入邻近的居民建筑物中,遇点火源引发爆燃。

《城镇燃气管理条例》

第三十四条 在燃气设施保护范围内,有关单位从事敷设管道、

打桩、顶进、挖掘、钻探等可能影响燃气设施安全活动的,应当与燃气

经营者共同制定燃气设施保护方案，并采取相应的安全保护措施。

第三十七条　新建、扩建、改建建设工程，不得影响燃气设施安全。

建设单位在开工前，应当查明建设工程施工范围内地下燃气管线的相关情况；燃气管理部门以及其他有关部门和单位应当及时提供相关资料。

建设工程施工范围内有地下燃气管线等重要燃气设施的，建设单位应当会同施工单位与管道燃气经营者共同制定燃气设施保护方案。建设单位、施工单位应当采取相应的安全保护措施，确保燃气设施运行安全；管道燃气经营者应当派专业人员进行现场指导。法律、法规另有规定的，依照有关法律、法规的规定执行。

第五十二条　违反本条例规定，建设工程施工范围内有地下燃气管线等重要燃气设施，建设单位未会同施工单位与管道燃气经营者共同制定燃气设施保护方案，或者建设单位、施工单位未采取相应的安全保护措施的，由燃气管理部门责令改正，处1万元以上10万元以下罚款；造成损失的，依法承担赔偿责任；构成犯罪的，依法追究刑事责任。

《北京市燃气管理条例》

第三十八条　建设工程施工范围内有地下管道燃气设施的，施工单位应当将安全保护方案确定的安全保护措施纳入施工组织设计文件和工程安全措施，并按照安全保护方案进行施工；监理单位应当安排专人进行现场监理，发现施工作业存在损坏地下管道燃气设施的安全事故隐患的，应当要求施工单位整改或者暂时停止施工。

住房和城乡建设部门负责对建设工程施工的工程安全保护措施实施监督管理。

第三十九条　建设工程施工范围内有地下管道燃气设施的，燃气供应企业应当按照安全监护协议的约定履行监护职责，并进行现场指导。

燃气供应企业发现建设工程施工范围内有地下管道燃气设施，

但未签订安全监护协议或者未制定安全保护方案的,应当要求施工单位暂时停止施工;施工单位拒不停工的,燃气供应企业应当向城市管理综合执法部门报告。

第四十条 建设工程施工损坏地下管道燃气设施的,施工单位应当立即通知燃气供应企业,并按照规定采取应急保护措施,避免扩大损失。

燃气供应企业提供的地下管道燃气设施信息资料有误或者未采取有效的监护措施并派专业人员进行现场监护,导致地下管道燃气设施损坏的,应当自行承担相应责任。

本市对施工作业损坏地下管道燃气设施的违法违规行为实行计分制度,纳入企业公共信用信息管理,由有关部门依法采取惩戒措施。

6. 需要改进的问题及建议

1) 施工单位

施工单位违反施工配合合同约定,擅自在燃气管道附近使用挖掘机进行施工,未采取有效措施保护燃气管道等地下设施的安全。

施工单位信息报告不及时、不准确:未立即向本公司及政府相关部门报告,存在迟报问题,在向燃气公司的报告中,事故地点说明不准确,未明确燃气管道是否确认破坏。

工程管理单位和监理单位:事故发生时未在现场对施工进行有效监管,事故发生后未采取有效的处置措施。

施工单位自始至终只拨打了燃气公司施工配合人员的手机,没有拨打119、110等紧急情况报警电话。

紧急情况下应及时、准确报警,视情况通知当地应急机构,并采取适当的、防止事态扩大的先期处置措施。

应明确并严格执行"施工配合单"合同要求。

在燃气管道等市政设施附近慎重使用机械施工,并应采取有效措施保护其他地下设施的安全。

2) 燃气公司

燃气公司应完善、改进与施工单位签订的施工配合安全协议书,明确紧急情况下的联系告知方式与情况描述要求。

加强对燃气管线周边施工活动的有效监管:对已知的施工,在与施工单位签订施工安全协议书后,应确保双方联系、负责人员的有效沟通。

急修人员或到达现场的第一批应急处置人员,应具有对现场情况进行快速评估的知识与能力;急修人员对一般事故应具有先期处置、现场控制的技能。

规范化、科学化急修车辆配备的急抢修工具种类与数量,以适应不同事故状况。

根据现场情况,应能够明确提出协同处置要求:向政府或相关部门提出疏散人员、划定警戒线、危险区域内禁止动火等要求;提出道路交通管制、消防支援等请求。

安监局建议:结合燃气突发事件现场处置实际,依法修订、完善燃气突发事件专项应急救援预案和应急抢险流程,提高针对性和实操性,提高处置各类燃气管线突发事件的能力。加强对所属人员的教育培训,提高现场处置人员对报警信息的辨识能力和可能存在风险的预判能力,及时、准确研判事故信息,切实做好燃气突发事件的抢险救援工作。

《城镇燃气设施运行、维护和抢修安全技术规程》(CJJ 51—2016)

5.3.7　当聚乙烯管道发生断管、开裂等意外损坏时,抢修作业应符合下列规定:

1　抢修作业中应采取措施防止静电的产生和聚积;

2　应在采取有效措施阻断气源后进行抢修;

3　进行聚乙烯管道焊接抢修作业时,当环境温度低于－5 ℃或风力大于 5 级时,应采取防风保温措施;

4　使用夹管器夹扁后的管道应复原并标注位置,同一个位置不得夹 2 次。

3）消防部门

消防部门应及时对施工单位的许可与授权进行检查,确认施工合法。

消防员应接受有害气体、易燃易爆气体的探测、检查、消除火源的培训,并具有现场实施能力。

美国明尼苏达州法案 216D

为使在开挖损坏发生后,当局能够得到更为及时的通知:

任何开挖人员,若损坏含有危险性气体或液体的管道,应该立即拨打 911。

如果地下设施或其外保护层受到损坏,开挖人员应当立即通知地下设施的运营商;运营商收到损坏通知,应立即派工作人员到达受损区域进行调查。

如果损坏导致可燃性、有毒或腐蚀性气体或液体、或危及生命、健康或财产的气体或液体逸出,则负责开挖的人员应立即通知运营商和 911,并立即采取措施保护公众安全和财产安全。

UCI 美国公用设施有限公司与消防局、警察局的协同工作要求

消防局定期对 UCI 应急人员进行培训,提高响应单位之间的配合程度。

UCI 对消防局人员进行正确使用阀门等培训,提供扳手,使他们可以操作较小的埋地入户管线阀门。

消防局在对燃气味道或泄漏报告作出响应时,要做到以下几点:通知 UCI 并保持通信联系,疏散人群,使用可燃气体检测仪查找漏气点,对积聚燃气的建筑物进行通风。

UCI 对消防局、警察局人员进行"第一响应人"的培训。

住房管理署有"疏散用户"的规程,并在住有残障人士以及有吸氧设备的居民住宅窗户和大门上贴标识,以备紧急情况处置参考。

4.2

繁华路段地铁钻探破坏燃气管道，处置得当，避免伤亡

　　这是一起第三方施工钻探造成燃气中压管道破坏泄漏的事件。事发地点在交通繁忙的城市环路干线附近，燃气泄漏量较大，处置过程恰逢交通早高峰，人员车流密集。在不利的条件下，属地燃气公司启动应急预案，采取高级别应急响应，对现场情况做出快速判断和处置决策，成功地防止了事态的扩大和恶化，没有造成人员伤亡。

　　梳理这起典型事件的处置过程，总结成功的经验，提炼应急程序与方法，可以为今后科学应对燃气突发事件提供参考。

1. 事故摘要

时间	2016 年 6 月 3 日
地点	北京市海淀区蓟门桥东南侧
事故类型	第三方破坏造成燃气中压管线泄漏
人员伤亡	没有人员伤亡
财产损失	燃气泄漏，交通影响
事故类别(性质)	第三方责任事故

2. 基本情况

　　2016 年 6 月 3 日 03:25，北京燃气集团某分公司调度室接燃气集团运营调度中心任务单：报警人称在"海淀区三环辅路蓟门桥东 100 m 有燃气味"。

　　分公司接警后立即启动应急预案，相关部门的人员与车辆赶赴现场进行处置、抢

修,采取限制交通、疏散人员、确认漏气点、控压修复等措施,至12:50,完成管线修复,恢复周边交通。

据海淀区政府网站发布的消息:事发地点位于蓟门桥东南侧辅路、地铁12号线勘察02标勘探现场(图4-3)。施工人员在实施钻探施工时不慎将燃气管道钻破,造成燃气泄漏。

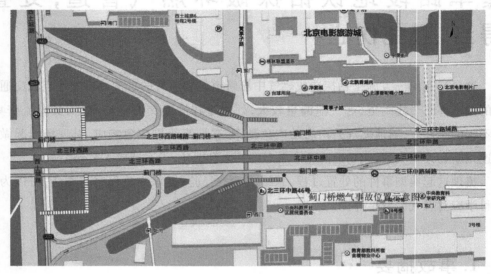

图4-3 事故地点示意图

此次事件中被第三方钻探机械破坏的管道为北三环辅路DN600中压燃气管线(混凝土过街沟中敷设的钢制管道,埋深约1.2 m),事件影响的范围涉及29座调压箱,约1.29万个居民用户、42个公服用户。燃气分公司为应对此次事件共出警指挥及应急人员349人,车辆47台次,私家车辆33台次。

交管部门接到报警后,立即启动高等级处置预案,采取区域个性化交通指挥疏导措施。

相关政府部门人员到现场指挥、协调事件应急工作。

3. 燃气公司应急处置情况

03:30 燃气分公司调度室将任务单下发至急修班及属地管理单位。

03:35 分公司急修班值守人员出发赶赴现场核实情况,车辆携带必要急修工具。

03:44　分公司急修人员到达现场,勘查确认为地铁勘探工程打漏燃气管道(图4-4),反馈现场泄漏严重且环境中燃气浓度较高;应急人员将蓟门桥东三环南侧辅路封闭,阻拦无关人员及机动车辆通行,并根据燃气泄漏浓度逐步扩大检测范围。

03:54　现场评估情况上报主管领导,主管领导根据破坏现场位置和泄漏情况初步判断为中压管线被破坏,要求相关客服所、运行所和工程所主管领导到场处置,并立即上报分公司总经理和主管经理;分公司调度人员确定启动二级应急预案。

图 4-4　造成燃气管线破坏的钻探机械

03:59　相关信息上报集团公司运营调度中心,"蓟门桥东南角靠近主路1.5 m燃气管线被地质勘探工程勘探钻头打漏,分公司已安排安全主管及相关领导赶赴现场进行处置,经检测现场环境中燃气浓度为5%"。

04:03　属地运行管理单位应急人员赶赴现场,初步判定为中压燃气管线泄漏;同时调集后续抢险人员赶赴现场,制订控压方案,控制现场压力,同时进行相邻其他市政闸井中燃气浓度检测工作,根据可燃气体浓度进一步扩大警戒区域。

04:07　急修人员报告现场相邻污水井燃气浓度达到10%,且该区域附近有一条行人地下通道,通道内燃气浓度较高,发生次生灾害风险较大,请求彻底阻断北三环路西向东辅路的交通。

04:10　分公司调度人员报告应急管理人员,应急管理人员要求立即上报运营调度中心,请求集团公司支援协调相关市政单位和应急机构配合抢修,调集专业人员阻断市政道路,防止险情扩大。

04:11　属地运行单位根据现场位置,结合图纸发现:被破坏管道处有一条并行的高压管道,即高中压两根燃气管线在同一过街管沟中;立即上报分公司调度室申请协调高压公司到场配合。

04:14　调度室上报集团运营调度中心请求高压公司到场支援。

04:18　现场指挥告知分公司调度室对事故现场已经进行封路处理,同时要求分公司调度室上报集团公司运营调度中心,请求调度中心协调交警单位封闭涉事路段,同时协调相关市、区应急单位到场配合抢修工作。

04:26　分公司应急主管领导要求调派专业抢修公司和防腐公司到场配合,确定管线位置,确定泄漏管线压力级制。

04:27　分公司调度室上报集团运营调度中心请求调派相关公司配合。

04:52　属地管理单位核实泄漏管线为中压 DN600 或 DN500 燃气管线。

04:57　属地管理单位现场核查图档后初步推测为 DN600 中压燃气管线(图4-5)。

图 4-5　中压 DN600 燃气管线破坏处

05:02　确定事故点控压方案,分公司阀门控制人员开始关闭向事故点供气的上游阀门,降低泄漏区域管线运行压力,减少破坏部位燃气泄漏量,为抢修作业做准备。

05:55　集团公司领导赶赴抢险现场指导抢险工作。

06:15　在市应急办协调下,对蓟门桥地区市政闸井全线开盖放气,海淀区政府、应急办、街道、派出所、交通、消防等多部门全力配合燃气公司实施抢修作业。在海淀区北太平庄街道办事处协调下,分公司客服单位完成了对事故点附近 149 户居民的疏散工作,同时为确保居民人身安全,对距离事故点较近的 485 户居民用户和 6 户公服用户暂停供气。

06:30　交通部门配合封停三环路蓟门桥南侧主路一条机动车道及全部辅路车道。

06:41　分公司将中压管道压力降至 500 Pa;根据环境燃气浓度检测情况,在确认安全的情况下,安排已疏散的 149 户居民返回家中。

06:45　由专业抢险队开始对被破坏管道部位进行土方挖掘作业。

07:55　北京市政府副市长赶赴现场,了解抢修现场工作情况后对抢修工作做出重要指示。

09:05　经开挖发现敷设于过街沟中的中压 DN600 燃气管线破损点,现场立即进行封堵,并预制补焊钢板(图4-6)。由于作业坑内有过路保护管沟,且管沟内燃气浓度较高,暂无法在作业坑内开展补焊工作。

图 4-6　现场警戒线

09:48　抢险人员利用防爆鼓风机强制通风，作业坑环境燃气浓度达标（爆炸下限浓度为 20%）后开始焊接修复工作（图 4-7）。

图 4-7　管线修复过程

10:05　第一遍焊接工作完成的，分公司立即安排客服人员开始对受影响用户开展复气工作。

10:18　焊接工作完成的同时开始打开上游管道控压阀门，缓慢升高管网运行压力。

12:29　分公司客服单位全面完成对涉事燃气用户的复气工作。

12:50　管道防腐工作完毕（图 4-8），作业坑完成回填并全面恢复周边道路通车（图 4-9）。

图4-8　管线防腐层修复完成　　　　　图4-9　过街沟恢复

4.处置情况分析

燃气分公司为应对此次事件共出警指挥及应急人员349人,车辆47台次,私家车辆33台次;燃气集团各相关部门根据预案要求到达现场,参与处置。

应急人员在接警后5分钟出发,用时10分钟到达事故现场。

现场抢修作业全部完成共计耗时约7小时。

因为是地勘打孔钻将燃气管线打漏,因此,现场燃气漏气明显,管道破坏位置明确,节省了寻找漏气点的时间。燃气分公司应急人员到达现场后发现,破坏燃气管道的钻孔设备仍然停在事故点。

由于同一过街沟敷设有一根高压燃气管线、一根中压燃气管线;钻机钻坏的是高压还是中压管线,需要做出快速判断、区分。燃气公司通过关小中压燃气管道上游闸井中阀门开度,观察漏气部位的泄漏量变化,确认为中压管线破坏泄漏,为后续抢修争取了宝贵的时间。

现场指挥到达现场后初始评估准确,采取断路措施及时、得当;及时对燃气浓度较高的地下人行通道两侧进出口封闭,同时要求应急人员扩大燃气浓度检测范围,由近至远对周边500 m范围内150余座相邻市政闸井进行泄漏检测;现场初始判断及决策及时、准确,保证了人员的安全,直接把事故造成的损害降到最低。

危险区域的划分以爆炸浓度下限的20%为基准设置警戒线;检测结果显示,周边大部分市政闸井的燃气浓度已达到燃气爆炸极限(5%～15%),其中多座闸井中燃气浓度甚至达到50%,情况非常危急。

及时提出警戒区内人员疏散的要求,配合政府机构实施疏散。

为防止次生灾害的发生,指挥部下令对市政闸井进行开盖放气;同时请求海淀区政府调派人员对每个开盖闸井进行配合监护。

事件影响范围较大,指挥部在初始阶段启动了二级应急预案;处置过程中,根据燃气泄漏浓度、影响范围、早高峰时段道路交通情况等因素,将应急处置等级提升至一级响应。

应急响应结束条件及宣布:在对漏气管段修复完成后,因周边多座市政井室燃气浓度仍然较高,遂安排人员对浓度较高地点进行抽真空处理,降低燃气浓度,直至相邻其他市政闸井检测结果为无燃气浓度。

后期检测安排:分公司运行人员对漏气部位持续监控 72 h,无燃气浓度后事件关闭。

城镇燃气企业应急人员在接到报警或抢修任务单后,出发及到达现场的时间要求是如何规定的?

目前,国家和行业对燃气企业应急人员接警后出发及到达事故现场的时间没有明确规定。

有燃气企业自行规定:应急人员接警后 5 分钟内应出发,30 分钟内应到达事故现场。

我们认为:

燃气企业应急人员多为所谓"平战结合"岗位员工,即平时做运行维护工作,有突发事件时承担应急任务;其接警后出发的时间可以根据操作规程提出要求,并通过培训、演练加以实现;规定 5 分钟出警,应该是比较合理可行的。

应急人员到达事故现场的时间受多种因素的影响,包括:人员待命地点的布局、距离事故现场的远近、可利用的交通工具、实时交通状况等。

在应急站点合理布局的情况下,考虑到燃气事故处置的专业性特点,对一般城市,可以要求燃气企业应急人员半小时内到达现场。

5. 应急处置关键技术点

对泄漏的燃气管道进行修复是应急处置的关键环节,其中,降压控制标准及方法、管线修复方法、修复合格标准、恢复供气的检查确认中技术问题包括:

- 因控压过程中正值早高峰,所以充分将降压有可能产生的危害性考虑在内,在调压站、箱工作人员未全部到位前,将中压管网压力维持在 200 mmHg,确保调压设施正常供气的同时,减少管线破损点的燃气泄漏量。
- 在全部应急处置人员到位后,再将压力逐步降低,利用调压站、箱旁通使低压管网处于微正压状态,防止空气进入管道,形成爆炸性气体。
- 在调压人员安排上,本着先站后箱、先民用后公服的原则,使抢险人员有序到位,稳步推进抢险进度。
- 当管道压力降至 50 Pa 时,根据带气作业规程,实施管道补焊作业。
- 补焊完毕后,分段升压(压力每提升 100 mmHg 检测一次);刷漏检测,直至压力恢复正常并无漏气,则为修复合格。
- 站、箱出口压力稳定在正常压力范围内,设备无漏气时抢修结束。

6. 事故原因

事故处置结束后调查确认:

- 地铁勘探作业中,施工人员在实施钻探时不慎将过街管沟中的中压燃气管道钻破,造成燃气泄漏。
- 泄漏的燃气沿管沟、土壤及地下人行通道空间等迅速扩散。

7. 燃气公司事件应急总结

- 应急接警响应及时(应急人员 5 分钟出发,10 分钟到达事故现场);调度指令清晰,应急队伍调派及时。
- 现场指挥准确评估事故现场风险点、可能后果及影响范围;处置果断,及时封闭涉事道路,避免次生灾害的发生。

- 指挥系统层级明确,任务指令逐级下达,指令响应落实到位。
- 应急人员准备充分,应急物资完备有效,到场后可第一时间开展作业。
- 通信系统畅通,抢修作业中始终保持信息传递无延误。
- 与政府各部门及相关市政应急单位合作良好,配合协同作业能力较强,大幅提升应急作业中的管控能力。

思考与建议

管理部门及燃气公司应加强对管线设施附近施工的有效监管。

多单位协同工作中,现场指挥及应急人员应考虑身份与职责识别,以方便联络、协作,比如穿戴不同颜色的服装,佩戴职责标识等。

及时、可靠留存运行、维护、维修记录及其他相关技术档案、资料,在事件发生时,便于配合自查与调查。

应规范事件记录与证据留存的内容及要求:比如,事件记录的内容与形式,证据类别及深度,关键证据要求等(比如,拍摄孔洞及裂缝等应有标尺标示大小)。

总结并明确应对媒体的基本原则,引导媒体对燃气行业突发事件做正面报道;培训不同级别、不同岗位的员工与媒体互动;利用公众对燃气事件的关注机会开展安全警示教育。

4.3
顶管施工顶破燃气管道,终致着火燃烧

1. 事故摘要

时间	2014 年 11 月 19 日 09：00
地点	某路口北侧

事故类型	燃气管道泄漏、着火
人员伤亡	1人死亡、2人轻伤
财产损失	燃气泄漏
事故类别(性质)	顶管施工顶破燃气管道

2. 基本情况

2014年11月19日09:00,某燃气分公司接到区应急办公室报警:称该区某路口的幼儿园附近有燃气味。燃气分公司立刻组织人员前往现场,在去往现场的路上再次接到电话,说现场已经起火,火势较大。

根据现场了解,事故原因为某建设公司在进行热力管道顶管施工作业时,误将DN300中压(运行压力0.18 MPa)燃气管线顶漏,造成燃气泄漏并引发火灾。

燃气分公司立即启动分公司级应急预案,分公司总经理到达现场指挥;根据现场情况,分公司向集团进行了汇报;集团公司接到汇报后启动集团级应急预案。

其间集团公司总经理及集团各专业部室领导赶赴现场并指导抢修工作;相关专业抢修公司予以支援及配合。

事发后区政府及应急、消防、交通、安监等相关部门领导均抵达现场指挥协调抢险工作。附近公交线路采取临时甩站或绕行措施,火势彻底扑灭后方恢复。

根据预案,燃气分公司制订了现场抢修方案,采取关闭上游阀门、管线降压、泄漏点下游加装封堵、氮气置换、开挖修复等;对下游用户采用压缩天然气做临时气源供气。

由于抢修方案正确,现场处置得当、及时,该区域燃气供应未受到严重影响。

漏气点修复完毕后,恢复正常管道供气。

3. 事故前事件

事发前热力管道施工单位已经与属地燃气公司签署了施工配合协议。

燃气公司施工配合人员在工作日已按约定到工地巡视,并进行施工配合。

事发当日,施工方实施顶管施工时将天然气管道(中压钢管、DN300、运行压力为0.18 MPa)破坏。

4. 燃气公司处置情况

2014 年 11 月 19 日 09:00　属地燃气分公司接到区应急办公室报警并立即出警;路上接到电话:燃气泄漏现场已经着火;第一批到达现场的有 7～8 名应急人员,其他员工接到电话后停止岗位工作,迅速赶赴现场。

现场情况:燃气管道泄漏点附近着火,有三层楼高的火焰;消防支队接警后已经到达现场,进行喷淋;事故点附近的道路交通已阻断。

现场班组制订抢修及下游 CNG 补气方案并安排实施。

09:20　分公司抢修人员开始关闭泄漏点上游控制阀门,降低作业区管道内压力;监测周边市政闸井内燃气浓度,打开井盖通风,并安排人员值守。

11:40　在燃气管道降压的同时,抢修作业公司开挖封堵作业点。

13:00　管道内压力降至 0.05 MPa,火势逐渐被控制。

14:00　挖出准备封堵的 DN300 燃气管线。

14:30　作业坑开挖完毕,开始预制管件。

16:00　开始进行管道开孔作业。

17:25　CNG 燃气公司开启补气装置,向下游居民用户供气。

17:55　抢修燃气公司开孔完毕,开始下封堵。

19:05　下封堵完毕,开启气源控制阀门将燃气管道内压力恢复至 0.18 MPa。

19:30　漏气点周围明火全部熄灭。

19:40　修复后运行维护所检测班持续对此施工单位顶管位置交叉管线进行检测,确认无其他漏气点。

燃气公司运行维护所参与抢修人员约 30 人,分别为闸井补气操控人员、调压箱监控压力人员、现场周边闸井监测人员、小区保压人员、现场作业坑浓度检测人员、现场安全员等。

5. 已认定的事实

某建设公司在进行热力管道顶管施工作业时,误将 DN300 中压(运行压力为 0.18 MPa)燃气管线破坏,导致天然气泄漏并引发火灾。

6. 事故原因

- 施工方进行非开挖施工前未挖探坑确认燃气管线埋深情况,施工中没有对地下燃气管道采取保护措施,在顶管施工中将中压天然气管道破坏,导致燃气泄漏。
- 泄漏的燃气被不明点火源引燃。

思考与建议

应加强在燃气管道附近的施工配合管理:对于在管道保护范围内施工的,钢制管线必须做物探或挖探坑;PE 管线必须挖探坑,确保直观查明燃气管线详细情况;物探或探坑结果需要经过燃气公司核实,记录并确认相关数据。

有效实行《施工配合监护单》约定,保持与施工负责人进行对接,了解施工具体进度,必要时可以要求施工单位停工。签订施工配合单时可以要求施工方先挖探坑或调取图档资料,未按要求进行施工的,则上报上级主管单位请求协助停工。

应在燃气主要管线上设置分段控制阀门,控制分区域的用户数量;如果区域主控阀门过少,可能导致抢修停气时影响面过大。

《中华人民共和国刑法》

第一百一十八条 破坏电力、燃气或者其他易燃易爆设备,危害公共安全,尚未造成严重后果的,处三年以上十年以下有期徒刑。

第一百一十九条 破坏交通工具、交通设施、电力设备、燃气设备、易燃易爆设备,造成严重后果的,处十年以上有期徒刑、无期徒刑或者死刑。

4.4

通信工程施工刺穿燃气管道，委托施工单位也要担责

2014 年 3 月 31 日 18：00，某通信公司的施工人员龙某等在通信电杆处作业时，发现施工现场旁边有燃气警示标识，但施工人员认为，在紧靠电杆处不会埋有燃气管道，于是将通信工程所用的防雷角铁打入地下，造成地下燃气管道被刺穿，燃气大量泄漏并引发爆炸。爆炸造成事故点附近的居民夏某家中电脑、电视机、冰箱、空调、饮水机等家具毁损。

事后，夏某起诉至法院，要求赔偿损失。

1. 法院调查审理

本案中，法院调查审理的重点是：某通信公司和燃气公司是否对燃气爆炸事故的发生存在过错责任，对由此给夏某造成的财产损害应否承担及如何承担侵权责任。

1）某通信公司

调查发现，该通信公司施工人员均未取得相应的上岗资质。

在燃气设施保护范围内施工时，未与燃气公司共同制订燃气设施保护方案，其违规施工行为明显存在过错。

施工过程中施工人员在看到了燃气管道警示标识，明知施工电杆边的地下埋有燃气管道，仍然冒险强行施工，将地下燃气管道刺穿，直接导致燃气泄漏，最终导致爆炸事故发生，其行为具有重大过错。

由于通信公司过错行为是导致燃气泄漏的直接原因，故应对燃气爆炸事故的发生承担主要责任。

2）某电信公司

电信公司作为该县城区治安电子防控系统建设工程的投资建设方,虽然其将工程发包给某通信公司,并签订了施工现场安全协议书,但协议书第四条约定,甲方或具体项目业主委托监理公司对乙方施工现场进行监督,具体项目业主代表或监理人员有权对施工现场的安全管理进行指导和监督……

电信公司没有按规定向县城管部门申请办理破占道审批手续,安全管理人员没有去现场进行安全管理,安全巡检及抽检没有跟踪到位。

作为该工程投资建设方,电信公司没有落实好安全管理责任,具有一定的过错。

3）燃气公司

燃气公司作为易燃易爆危险物品的所有人,燃气管道铺设不符合有关规定,应及时采取措施加以整改,消除安全隐患。

虽然燃气管道附近设置了警示标牌,但在燃气泄漏后,燃气公司抢险人员对燃气泄漏可能涉及的范围估计不足,应对措施不当,也具有一定的过错,对燃气爆炸事故发生负有一定责任。

2. 法院判决

最终,法院判定:

现场施工造成事故的某通信公司承担60%的赔偿责任;

委托施工、管理不善的某电信公司承担20%的赔偿责任;

管道埋设不合规的燃气公司承担20%的赔偿责任。

3. 类似事件

①2018年3月,某市政工程有限公司在燃气管线保护范围内使用挖掘机开挖给水管线沟槽时,将燃气管线破坏,造成直接经济损失约13万元,有关部门对其给予5万元罚款的行政处罚。

②2018 年 4 月，某园林绿化有限公司在道路绿化景观提升工程的施工过程中，挖掘机将一天然气管道挖漏，造成直接经济损失 8 万元。经查，事故原因为当地燃气公司提供的施工现场及毗邻区域内地下燃气管线及其他燃气设施情况不准确、不完整；园林绿化有限公司违规在天然气管道上方使用挖掘机进行施工作业。最终，管理部门对燃气公司给予 1.5 万元的行政处罚；对园林绿化有限公司给予 1.5 万元的行政处罚。

第5章 燃气经营者与用户的责权划分

　　法院判决的燃气事件都是在事实清楚、法律责任明晰的情况下，按照现实的法律条文规定作出的判决。这些案例，可以帮助我们厘清燃气经营者和燃气用户、第三方等各方的责权利，对分析和应对、处置类似事件有重要的参考意义。

　　为了加强城镇燃气管理，保障燃气供应，防止和减少燃气安全事故，保障公民生命、财产安全和公共安全，维护燃气经营者和燃气用户的合法权益，促进燃气事业健康发展，国务院于2010年制定了《城镇燃气管理条例》。

　　条例明确了燃气经营者的服务义务和禁止性行为：要求燃气经营者应当履行向燃气用户持续、稳定、安全供应符合国家质量标准的燃气等服务义务，并不得有拒绝供气、擅自停气等行为。

　　条例对燃气用户的用气行为也予以规范：燃气用户应当遵守安全用气规则，使用合格的燃气燃烧器具和气瓶；单位用户还应当建立安全管理制度，加强人员培训；条例还对燃气用户及相关单位和个人的禁止性行为作出了规定。

　　尽管国家法律法规要求明确，但实际上燃气经营者与燃气用户在燃气的供应与使用、用户管理等方面，仍然会出现各种问题和矛盾。对典型案例进行分析，可以帮助我们更好地理解燃气经营者与用户的责权利。

5.1

燃气用户发生事故,燃气公司如何担责

2009 年 5 月 1 日 15:00,某地×号楼×单元501 室楼房的厨房内因天然气泄漏发生爆炸失火,房主许某某的亲属许某在事故中死亡。

事故发生后,房主许某某找到被告——当地某燃气有限公司要求赔偿;燃气公司以其对事故的发生没有过错为由拒绝承担赔偿责任。

于是,房主许某某将燃气公司告上法庭,请求法院判令被告赔偿原告各项损失。

原告认为,被告燃气公司从事的天然气经营属于易燃易爆的高度危险行业,法律规定对易燃易爆的高度危险行业造成他人损害的实行无过错归责原则,因此无论被告是否有过错,均应对此起事故承担赔偿责任。

被告燃气有限公司辩称:

• 根据当地消防支队、质量技术监督局、市燃气管理处、省特种设备安全监督检验研究院等单位专家《关于对"5·1"火灾×号楼×单元501 室燃气管道气密性试验报告》显示的内容,专家组分阶段对该住房内的燃气表前阀门至灶前阀门(包括燃气表、管道、管件)部分进行气密性试验及从立管通往用户燃气灶前阀门部分进行带气(天然气)试验,试验结果未发现漏气点;该试验结果作为火灾事故原因认定的重要依据。市消防支队作出的火灾认定书认定,起火原因为厨房内泄漏的天然气在空气中形成爆炸性混合气体,遇抽油烟机电火花爆炸起火。依据《江苏省燃气管理条例》第四十条"燃气计量表设置在住宅内的居民用户,其燃气计量表和表前燃气设施由燃气经营者负责维修、更新,燃气计量表后的燃气设施和燃气燃烧器具,由用户负责维护、更新"的规定,可以明确界定,属于被告方面承担的维护、更新的燃气设施未出现任何燃气泄漏情况,因此被告对于该次因天然气泄漏引发的事故没有任何过错。

• 燃气虽然属于易燃、易爆产品,具有一定的危险性,但是作为家用天然气,只要按照正常方式使用就能够控制和有效预防事故的发生,不具备高度危险性,而且本案中燃气爆炸事故的发生也非被告在作业过程中引起,因此不应适用高度危险作业的无过错归责原则,而应按照一般侵权责任的归责原则处理。另外,根据消防部门的火灾认定书认定的事实,许某系跳楼头部先坠地导致死亡,与天然气泄漏无直接因果关系。

综上,被告不应对本案事故承担赔偿责任,请求法院依法判决。

区人民法院经审理查明:原告房主许某某之子许某在 2009 年 5 月 1 日因天然气泄漏发生的爆炸事故中死亡;被告某燃气有限公司与居住于×号楼×单元 501 室的原告等人之间存在燃气供应合同关系。

1. 事故概述

被告某燃气有限公司原对该地区居民供应人工煤气。2008 年 7 月 20 日,被告燃气有限公司派员对辖区×号楼×单元 501 室的室内用气设施进行安全检查,发现存在胶管老化、非专用或标准管、胶管无管束等安全隐患,随即向许某发放了客户室内安全隐患整改通知单,该通知单标明了上述隐患及隐患等级,并建议其在 2008 年 8 月 20 日前以更换胶管或改造为镀锌钢管、增装管束的方式进行整改。许某在该通知单上签字。同日,被告向许某发放了《安全使用燃气知识手册》,其中介绍了燃气的种类和基本特性、安全使用燃气常识、处理燃气泄漏等基本常识;承诺定期免费安全检查,为客户消除家中燃气管道、燃气具、燃气设施存在的安全隐患;并摘登了《江苏省燃气管理条例》的有关条款,其中第四十条规定了燃气经营者及用户各自负责维修和更换的燃气设施的范围。其后许某及其家人未对隐患部位进行整改或更换。

2008 年 10 月,被告燃气公司对×号楼×单元 501 室在内的片区实施天然气置换人工煤气工作。2008 年 10 月 11 日,被告委托某家用电器服务中心派员对原告家中的灶具进行改造,改造完成后,原告许某某在天然气置换工作单(灶具)上签字。

2009 年 5 月 1 日 15:00,×号楼×单元 501 室发生天然气泄漏,开启抽油烟机所产生的电火花与空气中形成的天然气混合气体相遇,导致爆炸起火。市消防调度指挥中心接到电话报警,派出 3 辆消防车、16 名消防员前往扑救,15:20 火灾被彻底扑灭。发生爆炸时在房间的许某在消防员赶到前跳楼身亡。经现场勘验,室内门窗、玻璃大部分被炸毁,卧室被褥、床、电视机、电脑、空调等物品烧毁,其他房间顶部有烟熏痕迹。

事故发生后,市消防支队、市质量技术监督局、市燃气管理处、省特种设备安全监督检验研究院等单位组织有关专家对该住房内的燃气表前阀门至灶前阀门(包括燃气表、管道、管件)部分进行气密性试验及从立管通往用户燃气灶前阀门部分进行带气(天然气)试验,试验时有死者家属及燃气公司代表等参与,试验结果载入《关于对"5·1"火灾×号楼×单元501室燃气管道气密性试验报告》,结论为(试验部分)未发现漏气点。

后原告向被告索赔未果,遂向法院提起诉讼,要求被告按各项损失的70%进行赔偿。审理过程中,原告因证据问题放弃了对财产损失的主张。

2. 争议焦点

本案双方争议的焦点集中在:

- 对本案涉及的天然气爆炸事件被告燃气公司是否存在过错?
- 本案处理适用过错归责原则还是无过错归责原则?
- 事故造成人员伤亡的损害结果与被告行为之间是否存在因果关系?
- 原告使用天然气是否存在过错?
- 被告燃气公司是否应当免除商品责任?

3. 法院审理判决

区人民法院经审理认为:

①被告燃气公司履行法定义务无过错。《中华人民共和国消费者权益保护法》第十八条第一款规定:"经营者应当保证其提供的商品或者服务符合保障人身、财产安全的要求。对可能危及人身、财产安全的商品和服务,应当向消费者作出真实的说明和明确的警示,并说明和标明正确使用商品或者接受服务的方法以及防止危害发生的方法。"该条确定了经营者的警示义务。

这种警示目的在于对不知道存在危险的消费者,告知其危险性,并使消费者认识或知悉商品的危险性,使消费者能够保护自己。

天然气作为一种易燃易爆气体,在运输、使用过程中都必须注意安全。被告燃气公司作为特许经营的企业,在对用户提供供气服务的过程中既要保证按照国家标准或行业标准进行供气,也要对用户进行安全教育和安全隐患检查。

本案中,被告燃气公司一方面保障天然气出口压力符合民用标准,通过天然气加臭处理,保障使用安全并在燃气泄漏时及时引起消费者的警觉;另一方面于2008年7月

20日派人员对原告室内用气设施进行安全检查,发现该住户存在胶管老化、胶管无管束等安全隐患,并以书面形式向居住于该房屋中的许某发放了客户室内安全隐患整改通知单,要求用户对此进行整改;同时向许某发放的还有《安全使用燃气知识手册》,介绍了燃气的种类和基本特性、安全使用燃气常识、处理燃气泄漏等基本常识和注意事项等,故被告履行了法定警示义务,被告燃气公司并无过错。

②关于本案的归责原则。《中华人民共和国消费者权益保护法》第七条规定:"消费者在购买、使用商品和接受服务时享有人身、财产安全不受损害的权利。消费者有权要求经营者提供的商品和服务,符合保障人身、财产安全的要求。"其价值主要在于促使经营者或制造者提升商品或服务的安全,减少消费者使用商品或接受服务时,因瑕疵商品或服务的不合理危险造成消费者身体或财产上的损害。该条款一方面确定了经营者的安全义务,促使经营者或制造者提升商品或服务的安全性;另一方面确立了损害赔偿的无过错原则,全面保障消费者的权益。本案原告房主与被告燃气公司之间形成供用天然气的消费关系,故原告主张本案的归责原则应当采取无过错原则成立。

③事故受害人的损害结果与被告燃气公司的行为之间没有因果关系。本案系因天然气泄漏后在空气中形成混合气体,遇抽油烟机开启时产生的电火花而发生爆炸造成的人身伤亡及财产损害事故,该事实已为市消防支队作出的火灾认定书所确认,原、被告双方对该认定书的内容均无异议。而根据《江苏省燃气管理条例》第四十条的规定,燃气计量表设置在住宅内的居民用户的燃气计量表和表前设施由燃气经营企业负责维修、更新,燃气计量表后燃气设施和燃气燃烧器具由用户负责维护、更新。因此天然气泄漏点为认定被告行为与损害结果之间是否存在因果关系的连接点。根据由市消防支队、市质量技术监督局、市燃气管理处、省特种设备安全监督检验研究院等单位的专家组成的专家组出具的《关于对"5·1"火灾×号楼×单元501室燃气管道气密性试验报告》,发生爆炸事故的房屋内的燃气表前阀门至灶前阀门(包括燃气表、管道、管件)及从立管通往用户燃气灶前阀门部分未发现漏气点,该试验报告的结论排除了天然气的泄漏点在被告负责维护、更新的设施范围内。上述《关于对"5·1"火灾×号楼×单元501室燃气管道气密性试验报告》在试验过程中有死者家属及燃气公司代表等参与,双方对报告结论均无异议,应当予以确认。故应认定损害结果与被告行为之间无因果关系。

④原告不当使用天然气导致损害结果发生。虽然市消防支队作出的火灾认定书没有明确天然气泄漏的具体位置,但泄漏点属于用户负责维护、更新的范围内应是不争的事实。在本案审理中,原告没有提交其已按被告的整改通知更换了胶管以及加装管束的证据,结合燃气泄漏点的认定,可以认为用户对安全隐患的漠视导致了人亡财损事故

的发生。根据市消防支队作出的火灾认定书对火灾原因的认定,本次爆炸的原因是开启抽油烟机时产生的电火花与天然气泄漏在空气中形成的混合气体相遇而产生,可以说明:当时天然气灶具没有使用,否则泄漏的燃气会与灶头的火焰一起燃烧;房屋内的人在没有使用灶具的情况下开启了抽油烟机。没有使用灶具而开启抽油烟机应当是为了排除室内的异味,因此可以判定当时在房屋内的人(许某)应当是嗅到了空气中弥漫的天然气的臭味。原告在发现燃气泄漏后没有按被告在《安全使用燃气知识手册》所提示的方法进行处理,而是开启抽油烟机排除异味,原告不适当使用天然气的行为导致损害结果的发生。

⑤消费者不当使用,导致被告免除商品责任。被告燃气公司作为经营者在本案中承担无过错责任,但并不等于承担绝对责任,也不等于将经营者视同为保险人的角色,如按照一般正常的方式或商品的原定用途使用商品,即不致发生损害时,那么即可认定该商品并无瑕疵存在。而按照经营者提示的商品使用方法使用商品是消费者应尽的义务,故依照《中华人民共和国民法通则》第一百零六条第一款规定,损害的发生,如是因消费者对于商品的不正常或不适当使用所致,经营者无须负赔偿责任,故被告燃气公司不应当承担本案的民事责任。

综上所述,原告(房主、燃气用户)在被告(燃气公司)对燃气安全隐患进行检查并提出整改要求后没有及时更换老化的胶管及加装管束,其对天然气泄漏产生后不适当排除行为导致爆炸事故,鲁莽采取不保护自身利益的措施排除危险,因此原告要求被告赔偿损失的诉讼请求不予支持。

区人民法院依照《中华人民共和国民法通则》第一百零六条第一款、《中华人民共和国消费者权益保护法》第十八条第一款的规定,于 2010 年 6 月 21 日作出民事判决:

驳回原告许某某等人要求被告某燃气有限公司赔偿损失的诉讼请求。

一审判决后,双方当事人在法定期限内均未提出上诉,一审判决已经发生法律效力。

特别讨论

该起事件发生后,多单位专家联合对涉事的燃气管道进行气密性试验,得到了管道气密性合格的结论,这是非常侥幸的。

当室内发生爆炸、剧烈震动时,燃气管道及设备受到影响,连接处可能松动或破坏。所以,事故后的气密性试验很可能是不合格的。

但是,此时的不合格结论,不能代表爆炸前燃气管道的状态;就是说,如果爆炸以后涉事燃气管道出现泄漏,不能证明爆炸前管道已经泄漏。

涉及事故的管道及设备的检验与检测,不同于产品检测:标准不同,检测目的也不同。

4. 类似事件

某居民用户室内燃气泄漏着火事件后,涉事用户怀疑是燃气计量表有泄漏,导致了事故。

消防部门对事故后的燃气表做了气密性试验,结论是:有轻微漏气。

事故调查专家组燃气专家则认为:

- 事故后燃气表的状态不能代表事故前状态;
- 民用燃气表中的焊点材料在高于 170 ℃时会融化;
- 室内发生燃气泄漏着火时,燃气表处温度可能超过 170 ℃。

后经事主及消防部门同意,将涉事的燃气表进行拆解,肉眼可见,表内焊点材料融化后滴落在燃气表表壳下方。所以,着火事故后燃气表的轻微泄漏无法证明事故前已经泄漏,不能由此判断泄漏点在燃气表处。

《城镇燃气管理条例》

第十七条 燃气经营者应当向燃气用户持续、稳定、安全供应符合国家质量标准的燃气,指导燃气用户安全用气、节约用气,并对燃气设施定期进行安全检查。

第二十七条 燃气用户应当遵守安全用气规则,使用合格的燃气燃烧器具和气瓶,及时更换国家明令淘汰或者使用年限已届满的燃气燃烧器具、连接管等,并按照约定期限支付燃气费用。

《江苏省燃气管理条例》

第四十条　燃气计量表设置在住宅内的居民用户其燃气计量表和表前燃气设施由燃气经营者负责维护、更新；燃气计量表后的燃气设施和燃气燃烧器具，由用户负责维护、更新。

5.2
居民楼燃气主管道漏气引发爆炸，燃气公司有直接责任

1. 事故概述

2004 年 2 月 24 日凌晨，佟某到其居住的楼房北侧阳台吸烟，在点火时发生燃气爆炸，引起火灾，佟某被烧伤。

事发后，当地消防部门调查认定，火灾原因是房屋阳台燃气主管道活接头连接螺母下口处天然气泄漏，遇明火发生爆燃所致；燃气公司对此次事故负有直接责任。

后佟某起诉到法院，要求燃气公司赔偿 26.7 万余元。

燃气公司则认为，佟某居住的房屋装修时封包燃气主管道，影响了燃气公司的日常检修，因此佟某对于事故的发生也有一定责任。

2. 法院审理判决结果

法院审理后认为,佟某住所的燃气设施属当地燃气公司维护管理,燃气公司应对用户进行必要的安全教育,定期检查、维修供气设施,遇用户装修封包供气管道时,应采取合法途径加以解决,不能不履行检修义务。由于燃气公司未检修供应燃气管道,致使主管道活接头连接螺母下口处天然气泄漏的隐患未能被及时发现,导致火灾事故发生,因此应承担赔偿责任。

2007 年,法院一审判决该燃气公司赔偿佟某医疗费、残疾赔偿金、精神损害抚慰金等共计 25.7 万余元。

3. 类似事件

某业主将自家房屋出租,考虑到房子出租,又不是自己使用,对已经出现故障的灶具既没有进行更换,也没有告知租房户。租房户搬进后,打火做饭时,造成燃气爆炸、受伤。

法院审理认为:事故是由于房屋的出租人提供了不合格的燃气灶具,并且没有事先告知租房户。因此,该房屋的所有人对事故的发生存在过错,应承担事故相应的赔偿责任。

《城镇燃气管理条例》

第十九条　管道燃气经营者对其供气范围内的市政燃气设施、建筑区划内业主专有部分以外的燃气设施,承担运行、维护、抢修和更新改造的责任。

《北京市燃气管理条例》

第五条　燃气供应企业和非居民用户应当将燃气安全纳入本企业、本单位的安全生产管理工作。

燃气供应企业应当对燃气供应安全负责，并加强对燃气使用安全的服务指导和技术保障。燃气用户应当对燃气使用安全负责。

5.3
灶具连接管脱落，燃气爆燃致租客伤残，灶具安装者担责

因厨房内连接天然气灶和天然气管道灶前阀之间的软胶管脱落，导致天然气泄漏并爆燃引发火灾，造成房内租客烧伤达到六级伤残。

受伤租客简某一纸诉状将燃气公司及房东告上法庭。2015 年 12 月 17 日，广西某区人民法院公开审理这起关于身体权和财产损失赔偿纠纷案件。

1. 事故概述

2014 年 11 月 10 日，原告简某在某小区出租屋内使用天然气灶时，发生燃气爆炸并引发火灾事故。事故造成简某被烧伤，房屋内床、木柜、电脑等物品被烧毁，直接经济损失近 5 万元。

经有关部门认定，事故发生的原因是厨房内连接天然气灶和天然气管道阀门之间的软胶管脱落（软胶管两头均未安装卡扣固定），导致天然气泄漏，遇到火花引起爆燃造成火灾。

简某状告燃气公司和房东，认为燃气公司安装的天然气胶管设备不符合安全标准，是造成事故的主要原因，房东作为房屋的所有者，未尽安全注意义务，应承担连带赔偿责任。

2. 法院审理判决结果

法院经审理认为,作为天然气供应方,燃气公司在安装过程中,未安装卡扣将连接天然气灶和天然气管道阀门之间的软胶管固定,在后续使用过程中软管逐渐松动直至最终脱落,造成燃气泄漏。依据侵权责任法的相关规定,燃气公司应当承担侵权责任。

被告房东作为涉案房屋的所有人,利用该房屋从事出租经营活动,其行为本身能够获利,理应对其经营场所负有安全保障义务。房东在收取相应租金后,对房屋的租赁情况、房屋燃气安装情况未尽到合理注意义务,理应在其过错的范围内承担相应的责任。

最终,法院判定燃气公司向原告简某支付赔偿金共计 106 400.4 元,被告房东对上述款项在燃气公司未能给予赔付时承担补充赔偿责任。

《城镇燃气管理条例》

第三十条　安装、改装、拆除户内燃气设施的,应当按照国家有关工程建设标准实施作业。

5.4

厨房燃气泄漏,开启抽油烟机致爆炸,燃气公司被判赔偿

1. 事故概述

2009 年 12 月,某住宅小区的房主李某与当地燃气公司签订了《小区燃气供气服务

协议书》，约定由该公司负责日常供气服务；燃气投入使用后，该公司负责日常管理和户外维修以保证李某正常用气。该协议书同时对双方的其他权利义务事项进行了约定。

随后，燃气公司为李某的房屋安装了天然气入户管道并负责连接灶具，开通了天然气，经测试，点火通气正常。

2010年4月9日，该房屋的居住人曹某与其妻起床时（其岳父与其子尚在卧室内睡觉），闻到室内有煤气味，并听到燃气表有异响，经检查发现连接灶台的软管与灶台接管口分离。曹某立即关闭进气阀门，打开阳台窗户通风，同时将抽油烟机打开，之后去另一个阳台开窗户时发生爆炸，导致客厅及卧室起火。

事故造成房屋损毁，曹某的岳父及妻子死亡，儿子全身多处烧伤。经消防支队查明，起火原因系厨房阳台处连接灶台之软管脱落造成天然气泄漏，发生爆炸致起火成灾。

消防支队分析灾害成因为天然气爆炸极限为5%～15%，为甲类易燃易爆危险物品，爆炸瞬间产生高压、高温，其破坏力极强。

事后，房主李某及居住人曹某将燃气公司告上法庭。

诉讼中，燃气公司提出了多项答辩意见，譬如引起事故发生的原因是曹某擅自开启抽油烟机产生电火花，引燃燃气造成；软管与灶具分离的原因是曹某在日常生活中使用不当造成的；此次事故是由于曹某等原告未能及时发现家中燃气泄漏并及时保修等所致。

2. 法院审理认为

居住人曹某因燃气泄漏后开启抽油烟机不当导致天然气起火爆炸，对事故的发生负有重大过失，应承担相应的民事责任。

房主李某家使用的天然气，由燃气公司负责安装及供气。从事易燃、易爆高度危险的作业造成他人损害的，应当承担民事责任；如果能够证明损害是由受害人故意造成的，不承担民事责任。

3. 法院判决

因原告(燃气用户)家造成损害,被告(燃气公司)没有证据证明损害是由原告方故意造成的,被告应承担民事责任。

法院判决燃气公司赔偿受害方(燃气用户)25 万元。

《中华人民共和国民法典》

《中华人民共和国民法典》第一千一百六十五条规定了过错责任原则、第一千一百六十六条规定了无过错责任原则,第一千一百六十七条规定了危及他人人身、财产安全责任承担方式。三条内容相互衔接、相互补充、相互协调,组成了我国民事侵权责任的基本制度。

第一千一百六十五条 【过错责任原则】行为人因过错侵害他人民事权益造成损害的,应当承担侵权责任。

依照法律规定推定行为人有过错,其不能证明自己没有过错的,应当承担侵权责任。

第一千一百六十六条 【无过错责任原则】行为人造成他人民事权益损害,不论行为人有无过错,法律规定应当承担侵权责任的,依照其规定。

第一千一百六十七条 【危及他人人身、财产安全的责任承担方式】侵权行为危及他人人身、财产安全的,被侵权人有权请求侵权人承担停止侵害、排除妨碍、消除危险等侵权责任。

第一千一百七十四条 【受害人故意】损害是因受害人故意造成的,行为人不承担责任。

《北京市燃气管理条例》

第二十七条 燃气用户应当在具备安全用气条件的场所正确使

用燃气和管道燃气自闭阀、气瓶调压器等设施设备;安装、使用符合国家和本市有关标准和规范的燃气燃烧器具及其连接管、燃气泄漏报警装置,并按照使用年限要求进行更换。房屋出租人出租房屋应当保证交付的房屋符合本条第一款的规定,并承担燃气设施和用气设备的维护、维修和更新改造责任,承租人应当承担日常燃气使用安全责任,房屋租赁合同另有约定的除外。

特别提示:发现天然气泄漏怎么办?

如果发现天然气泄漏,首先应立即关闭天然气总阀门,并迅速打开门窗通风换气,动作切记要轻缓,以免因金属猛烈撞击产生火花而引起爆炸。

不要开启或关闭任何电器设备,如灯、电视、电脑、热水器、抽油烟机等。

应迅速拨打燃气公司报修电话或 119 等报警电话,拨打电话时要远离漏气点。

5.5

抗拒抓捕,点燃液化气引发爆炸,获刑九年

1. 事故概述

江苏省某市一男子因贩卖毒品被抓捕时,在家中释放并点燃液化石油气,引发爆

炸,致其本人受伤、家中财物受损。

事后该男子被诉至法院,被告人明知液化石油气属于易燃易爆物质,为抗拒抓捕、逃避法律制裁,在密闭的空间中释放液化石油气并点燃,构成了爆炸罪。

虽然爆炸后果只是被告人本人受伤、自家财物损失,但因为其行为已经危害到了周边不确定人群的安全,仍然要按照"危害公共安全罪"受到相应的处罚。

2. 法院审理认为

2015年1—2月,被告人在本县境内贩卖毒品并从中计获利1 100元。同年7月21日下午,被告人在其家中为抗拒抓捕,关闭房屋门窗并打开液化石油气气瓶向室内排放液化石油气。后被告人点燃液化石油气并引发爆炸,其本人受伤、家中部分财物毁损。经公安局法医鉴定,被告人躯体烧伤程度构成轻伤二级。经价格认证中心认定,被毁损财物共计价值1 610元。

被告人以爆炸方法危害公共安全,虽未造成严重后果,但该小区有多幢房屋,且房屋密集,事件造成重大影响,其行为严重危害公共安全,已构成爆炸罪;被告人贩卖毒品,其行为已构成贩卖毒品罪。

3. 法院判决

县人民法院依法判决被告人犯爆炸罪,判处有期徒刑五年十个月;犯贩卖毒品罪,判有期徒刑四年,并处罚金5万元;决定合并执行有期徒刑九年,并处罚金5万元。

特别提示

危害公共安全罪是一个概括性的罪名,这类犯罪侵犯的客体是公共安全,客观表现为实施了各种危害公共安全的行为,它同侵犯人身权利的杀人罪、伤害罪以及侵犯财产的贪污罪、盗窃罪等有显著的不同,危害公共安全罪包含着造成不特定的多数人伤亡或者使公私财产遭受重大损失的危险,其伤亡、损失的范围和程度往往是难以预料的。因此它是《中华人民共和国刑法》普通刑事犯罪中危害性极大的一类犯罪。

5.6

开煤气自杀,爆炸波及前来救助的民警和保安

因为丈夫移情别恋,女子赵某酒后一时想不开,打开煤气要自杀,爆炸时波及前来救助的民警和保安。

赵某因涉嫌以危险方法危害公共安全罪,被一审法院判处有期徒刑三年六个月。后赵某不服上诉,被上级法院驳回上诉,维持原判。

1. 事故概述

赵某事发前在一家餐厅担任收银员,丈夫郭某比她小 10 岁,两人 2013 年 4 月在赵某上班的餐厅相识,2014 年底结婚。2015 年 8 月,郭某说爱上了别的女人,赵某无法接受,称要自杀,便有了接下来的一幕。

一审法院查明,2015 年 9 月 4 日 17:00,赵某在租住的出租屋厨房内,打开灶台燃气开关欲自杀。后郭某与民警及保安赶到现场,就在郭某关闭灶台燃气开关时,因燃气浓度过高发生爆炸,致使郭某与民警及保安受伤。赵某被公安机关当场抓获归案。

2. 法院审理判决

一审法院认为,赵某遇事不能正确处理,造成一人轻伤二级、一人轻微伤的后果,其

行为危害了公共安全,已构成以危险方法危害公共安全罪。赵某归案后如实供述自己的罪行,当庭自愿认罪,对其所犯罪行依法予以从轻处罚。故一审法院判处赵某有期徒刑三年六个月,并赔偿民警 3.1 万余元。

一审宣判后,赵某提出上诉,二审法院认为,赵某所犯罪行属于对公共安全有重大威胁和损害的犯罪,驳回上诉,维持原判。

3. 类似案例

①某市一名 28 岁女子砍断天然气管线自杀导致爆炸,造成前去营救的 14 人烧伤,被当地法院"以危险方法危害公共安全罪"判处有期徒刑十一年。

②辽宁某市张某,因赌博欠下 100 余万元的外债,萌生自杀的念头,想通过煤气中毒的方式自杀,于是用螺丝刀将家中的液化气软管拆下,将液化气释放到室内。释放液化气 3 个多小时后,张某突然不想死了,于是他赶紧将屋内的一处窗户打开通风,几分钟后,张某的烟瘾犯了,他就拿打火机点香烟,结果发生爆炸。爆炸造成张某重伤,火灾波及周围的房屋及楼下停放的车辆。事后,张某及时给周围邻居赔偿,取得了他们的谅解。锦州某市法院审理此案,法官认为张某明知易燃气体会危及公共安全,但仍在其居住的室内充满易燃气体,并造成爆炸、火灾等后果,其行为已构成以危险方法危害公共安全罪,判处其有期徒刑三年,缓刑四年。

③2012 年 8 月,某公寓住宅楼发生燃气爆炸,爆炸引起火灾,造成 7 人受伤,其中 4 人伤势严重。爆炸原因初步查明是某住户使用的燃气灶具连接软管过长,中间还违规使用了一个三通接头,软管脱落后造成天然气泄漏,而且该住户的厨房是敞开式的,没有按规定封闭。最终,该案例的法律责任是:因燃气用户违规使用胶管接头,造成事故,一切损失由该用户承担。

④2012 年 7 月,某居民家发生天然气泄漏事故,家中所有家具和电器都被烧毁,窗户的玻璃已被震烂。爆炸造成一家 6 人烧伤,最终一人抢救无效死亡。事故调查发现:该户家中新买的燃气灶具是三无产品;燃气管道是由两根软管接起来的;天然气从软管连接处泄漏出来导致爆炸。用户自行承担全部责任。

特别提示

在燃气泄漏现场,即使没有故意点火,也可能引起着火、爆炸。

当燃气浓度达到爆炸极限时,某一波段的微波、电磁波、静电、电器与设备开关等均能提供燃气着火的点火能量,引燃燃气。

5.7

将液化气罐扔下 **7** 楼,获刑三年

男子和妻子争吵,一气之下竟把家中液化气罐从 7 楼扔下,幸好没造成重大损失,但男子因危害公共安全罪获刑三年。

1. 事故概述

2015 年圣诞节前夕,家住某小区 7 楼的男子袁某和妻子因琐事发生争吵。气急败坏的袁某直接将厨房的液化气罐从厕所窗户扔了出去,幸好没造成伤害,围观群众立即报警。事后,袁某表示当时也是一时冲动,以为扔自家东西不会有什么影响。

2. 法院审理判决

区人民法院审理认为,袁某行为属高空抛掷易爆物品,危及不特定多数人的生命、财产安全,尚未造成严重后果,其行为已构成以危险方法危害公共安全罪。因袁某归案后认罪态度较好,依法对其可酌情从轻处罚。依照《中华人民共和国刑法》第一百一十

四条"放火、决水、爆炸以及投放毒害性、放射性、传染病病原体等物质或者以其他危险方法危害公共安全,尚未造成严重后果的,处三年以上十年以下有期徒刑"的规定,法院判处袁某有期徒刑三年。袁某上诉后,二审法院维持原判。

法官提示

若因其高空抛掷燃气罐致人重伤、死亡或者使公私财产遭受重大损失的,将处十年以上有期徒刑、无期徒刑或者死刑。

5.8
非法灌装、储存液化气钢瓶,害人害己

2019年5月10日08:00,某乡派出所接到群众举报,该乡某村的一居民家中储存有大量液化气罐并从事非法灌装,存在安全隐患。警方接到举报后迅速行动将违法人员抓获,查获液化气罐60余个(图5-1)。嫌疑人何某因非法储存危险物质被警方处以行政拘留十日的处罚。

图5-1　居民院内违规私自灌装、储存液化石油气钢瓶

民警在居民何某家的院落里发现,60 余个不同容量的液化气罐被随意码放在各个角落,瓶体老化、锈迹斑斑,家中没有任何消防设施器材,在天气炎热、阳光暴晒的情况下十分危险。为尽快消除安全隐患,民警立即联系专业公司将院内液化气罐运送到安全位置并进行处理。

经审查,何某供述了非法储存液化气罐并从事非法灌装的事实。据其交代,自己用空的液化气罐到附近的液化气站加气,然后采取倒罐的方式将液化气加价倒卖给有需要的住户,从中赚取差价。

5.9
私自倒灌液化气致人烧伤,危害公共安全

2015 年 7 月,孙某在家中非法倒灌液化石油气引发火灾,导致邻居的两个孩子大面积烧伤。

孙某私自购买液化石油气钢瓶,请邻居帮忙从液化气站换气后转卖给自己,再擅自倒灌出售。事故发生当日 12:00,在基本灌装完毕时,孙某关闭了气瓶阀门。此时孙某闻到异味,发现有液化石油气泄漏,但倒灌用的软管无法从钢瓶上拔下,于是他走到 10 m 远的水龙头处将毛巾沾湿,打算用湿毛巾垫着拔软管。

就在此时意外发生:泄漏的液化石油气被邻居家的明火引燃,并烧伤了邻居家正在做饭的两个孩子;经鉴定,一人重伤二级,一人轻伤二级。

孙某因涉嫌过失以危险方法危害公共安全罪在当地法院受审。

特别提示

液化气的灌装和储存必须由专业人员在符合条件的场所内进行,切勿私自进行操作从而引发危险。

在不具备安全条件的地方,非法灌装和储存液化石油气,不仅威胁自身安全,也对公共安全造成影响。

如果市民发现身边存在非法存储灌装的"黑窝点",请及时拨打报警电话进行举报。

附　录

附录1　国务院安委会办公室关于加强天然气使用安全管理的通知

安委办函〔2018〕104号

各省、自治区、直辖市及新疆生产建设兵团安全生产委员会,国务院安全生产委员会有关成员单位,有关中央企业:

今年11月份以来,全国连续发生多起天然气(主要成分为甲烷,易燃易爆)使用过程中的爆炸事故,造成人民生命财产损失,引起社会高度关注。11月7日,河北金万泰化肥有限公司在切换加热炉天然气燃料过程中发生爆炸事故,造成6人死亡、7人受伤;11月14日,辽宁大连两辆液化天然气罐车在非法加气过程中泄漏着火爆炸。以上事故暴露出有关企业单位和人员对天然气使用过程中的安全风险认识不足,管控措施不到位,应急处置能力欠缺;相关地方人民政府和有关部门对天然气使用过程中的安全重视不够、监管不到位等问题。为深刻吸取事故教训,防范类似事故发生,现就加强天然气使用安全管理工作提出如下要求:

一、充分认识加强天然气使用安全管理的重要性

近年来,天然气作为优质高效的清洁能源,在民用燃料、工业燃料、化工原料等领域广泛应用,"煤改气"、"油改气"项目快速推进实施,天然气使用范围进一步扩大,消费量大幅增长,但由于天然气爆炸下限低、爆炸极限范围宽,如发生泄漏,空气中浓度达到

5%－15%左右,遇到点火源极易引发爆炸。随着天然气大量、大范围使用,安全管理的新情况、新风险、新问题随之出现。当前,北方各地已全面进入供暖季节,天然气储运及使用量大增,给安全生产工作提出了更高要求,近期河北、辽宁发生的两起事故给我们敲响了警钟。各地区、各有关部门和企业要充分认识天然气使用过程中的重大安全风险,深刻汲取国内外天然气泄漏引发的重特大事故教训,牢固树立安全红线意识,克服松懈麻痹思想,严格落实各项安全防范措施,坚决防范遏制重特大事故。

二、严格天然气使用建设项目的源头把关

天然气使用建设项目潜在安全风险大、工程质量要求高,有关企业单位(特别是准备实施或正在实施"煤改气"、"油改气"建设项目的单位)必须全过程严格落实国家相关法律法规和标准规范要求。项目设计阶段要委托具备相应资质的单位设计,在全面辨识各类安全风险的基础上,确保其周边安全距离、总平面布置、设备设施、工艺流程、自动化控制和安全设施符合相关标准规范要求;项目建设阶段要委托具备相关资质的单位施工,采购的设备、管道、法兰、阀门、垫片等要确保质量合格,管道焊接和检测必须满足相关规范要求,达不到标准要求不得投用;项目投用前要编制安全操作规程并组织员工培训,所有操作人员培训合格后方可上岗操作。天然气供气企业单位要主动对用气人员进行天然气使用安全培训,指导用气企业单位安全用气。

三、切实做好天然气使用过程中的安全风险防范

天然气使用过程的主要安全风险为泄漏引发的爆炸着火,要把防止天然气泄漏和管控点火源作为防范事故的关键环节。有关企业单位要认真开展安全风险辨识,制定切实可行的安全风险防范规章制度。要重点针对可能泄漏的法兰、阀门、充装等部位,以及使用天然气的受限空间等环境,严格按照标准安装、配备泄漏检测报警设施。要严格落实压力容器和压力管道等特种设备相关管理规定要求。使用天然气作为燃料的加热炉点火前,必须首先对炉膛进行吹扫置换,分析确认可燃气体含量符合要求后才能点火,点火时要确保火种到位后再开天然气阀门。发现天然气泄漏时,要第一时间切断泄漏源,立即通风置换,现场不得启动非防爆电气设备和使用非防爆工具,禁止一切可能产生静电的行为,严格管控点火源。

四、强化天然气使用企业单位安全监督检查

地方人民政府有关部门要按照"管行业必须管安全、管业务必须管安全、管生产经营必须管安全"和"谁主管谁负责"的要求,认真落实监管责任,组织对辖区内涉及使用天然气的企业单位进行全面摸底排查,掌握安全风险分布情况。尤其对新实施的"煤改气"、"油改气"项目的企业单位要加大督查检查力度,发现问题要依法对责任单位及人

员予以严厉惩处,强化警示教育,推动相关企业单位主动落实安全生产主体责任,确保做到安全责任到位、投入到位、培训到位、管理到位、应急救援到位。

五、加强安全知识宣传教育,提升应急处置能力

地方人民政府有关部门和有关企业单位要通过电视、网络、广播、自媒体等多种渠道,加强天然气使用安全知识的宣传教育,加快提高社会公众和从业人员对天然气危险特性的认识,增强安全防范能力和自我保护意识。各地区、有关企业单位要建立企地应急联动机制,完善制定天然气泄漏应急预案,加强安全培训和应急演练,确保熟练掌握应急处置要点和现场救援基本技能,不断提高应急处置能力,确保一旦发生泄漏事故能够在第一时间科学稳妥进行处置,有效防范衍生事故,坚决维护人民群众生命财产安全,确保全国安全生产形势持续稳定向好。

国务院安委会办公室

2018 年 12 月 2 日

附录 2 燃气事件分析建议模板及基本要求

1. 事件命名

比较重大的事件,一般会用一个概括性的命名,可以用事件发生的时间(月日) + 事件性质表示,比如可以用"'5·29'燃气爆炸事故",表示在 5 月 29 日发生的燃气爆炸事件;为了准确,可以在事件名称前加上事件发生的地点;比如"四川泸州'5·29'燃气爆炸事故"。

2. 事件摘要

事件摘要应包括事故相关的重要基本信息,可以包括但不限于以下内容:

事件发生的时间:年、月、日、时。

接警时间:从接警时间开始,接警单位应开始做出应急响应,并按照国家、行业及地方相关规定,做好信息上报、传递及处置情况记录。

事件地点:地点记录可以用文字(如城市、街道、街区、小区名称)记录,也可以用经纬度准确记录;可以配带有标示的地图或能够表明地理位置的照片等。

事件类型:可以按照国家的事故等级进行分类记录;但在事件发生初始阶段,一般还不能确定事故等级;通常可以用事件的典型特征进行分类,对于城镇燃气行业,可以

用"泄漏、着火、中毒、爆燃、爆炸"等表述事件类别。

人员伤亡：一般截至记录时刻为止，准确记录应在事件结束以后。人员伤亡情况直接决定事故等级。

财产损失：财产损失可以分为直接经济损失和间接经济损失两大类；间接经济损失较难准确统计，一般只统计直接经济损失。

社会影响：事件对社会的影响范围、影响时间长短，直接影响事件分级。应正确评估并努力降低事件对社会的负面影响。通过燃气典型事件，使社会了解燃气的性质及正确的使用方法，使事件对社会及公众产生正面影响，才是正确的处理方法。

事故类别（性质）：重大事件在结束以后，安全管理及司法等部门会进行事故调查并对社会公布事故调查报告，对事件给出结论性意见及处置结果。

3. 基本情况

一般对事件的发生、发展及结果做简要的、概括性的文字描述。

4. 燃气公司应急处置情况

对于燃气经营企业或专业公司，处理突发事件的过程应有记录，以便检查处置过程是否符合应急预案规定，是否有需要改进或不当之处；记录内容还可作为安全教育、应急演练的素材。

一般应按时间节点记录，从接报、任务单下达开始，至处置完成，达到事件关闭条件时止。

应尽量详尽记录，包括人员配备、处置技术、工具使用、指挥决策等。

应留存必要的照片资料，包括事故地点、管道设施破坏情况、修复过程、修复结果等；有条件时应留存录像资料。

5. 涉事燃气设施基本参数及事前维护巡检情况

5.1 管道设施基本技术参数

（包括文字及必要的图档资料及参数）

5.2 事前维护巡检情况

（包括维护巡检原始记录及与规定的符合情况）

6. 应急处置情况评价

6.1 应急处置程序及技术措施评价

（对事件处置是否符合法规规定、预案要求等进行检查、评价）

6.2 人员、工具适用性评价

在事件处置完成后，对人员、工具是否能够满足事件处置进行评价，可以发现人员队伍和物质装备方面的欠缺和不足,便于后期的调整和补充,确定合理的应急队伍的人员与物质配置。

6.3　经验及教训

应对事件处置过程中的成功经验进行梳理、总结和提炼,形成标准化的处置流程并推广;查找不足,总结教训,有利于改进应急处置决策及行动。

6.4　事件特殊问题探讨

某些事件会涉及特殊的专业技术或管理问题,应及时进行总结探讨,为预防类似事件的发生、修改修订管理文件或技术规范提供参考;既能挖掘事件的价值,又能够为企业或行业的整体发展做出贡献。

比如,20 世纪 60 年代,对液化石油气储罐及相关事故的研究分析,直接导致相关技术规范的修订。

7.建议意见

(对事件涉及的管理、技术等方面的问题,对今后防范类似事件发生的思考等可以整理为建议、意见,为安全管理提供参考)

参考文献

[1] 中华人民共和国住房和城乡建设部,中华人民共和国国家质量监督检验检疫总局. 燃气系统运行安全评价标准:GB/T 50811—2012[S].北京:中国建筑工业出版社,2012.

[2] 中华人民共和国建设部,中华人民共和国国家质量监督检验检疫总局.城镇燃气设计规范:GB 50028—2006[S].北京:中国建筑工业出版社,2020.

[3] 中华人民共和国住房和城乡建设部.城镇燃气设施运行、维护和抢修安全技术规程:CJJ 51—2016[S].北京:中国建筑工业出版社,2016.

[4] 詹淑慧,杨光,高顺利,等.城镇燃气安全管理[M].2版.北京:中国建筑工业出版社,2018.

[5] 罗云.现代安全管理[M].3版.北京:化学工业出版社,2016.

[6] 赵庆贤,邵辉,葛秀坤.危险化学品安全管理[M].2版.北京:中国石化出版社,2010.

[7] 罗云,等.安全经济学[M].2版.北京:化学工业出版社,2010.

[8] 滕五晓,加藤孝明,小出治.日本灾害对策体制[M].北京:中国建筑工业出版社,2003.

[9] 苗金明.事故应急救援与处置[M].北京:清华大学出版社,2012.

[10] 伍荣璋,金国平,等.燃气行业生产安全事故案例分析与预防[M].北京:中国建筑工业出版社,2018.

[11] Trevor Kletz.石油化工企业事故案例剖析[M].王力,等译.北京:中国石化出版社,2004.